# はじめての電子回路15講

秋田純一 著

イラスト　西餅

講談社

# 「電子回路」と「エレクトロニクス」と「電子工作」

　この本では，電子回路の勉強をしていきます。なぜ電子回路を勉強するのか？について，少しお話をしようと思います。

　電子回路は，身の回りのほとんどあらゆる機器の中で働いていて，電気で動く機器で電子回路が入っていないものを探すほうが無理であるほど，社会の中の産業として必要不可欠なものとなっています。だから，その仕組みである電子回路を勉強することは大事なことなんだ，という言い方がよくされます。

　しかし，現実問題として，電子回路を知らなくても，スイッチを入れればコンピュータは動きますし，インターネットも使えます。だからわざわざコンピュータの動作原理や電子回路なんて勉強しなくてもいいんじゃ？そう思われる方も多いかと思います。

　いろいろな技術が進歩したおかげで，中身を知らなくても使える場面が多くなったことは事実ですし，いちいち中身まで見なくてもいいからこそ，コンピュータの使い方だけに着目して活用できるのも事実です。そして現実問題として，コンピュータをはじめとする電子機器が高度で複雑に進化しすぎて，それを電圧や電流の物理現象のレベルから理解するのは，ほとんど不可能です。

　それなのに，こんな時代なのに，なぜ電子回路を・・・ということになるわけですが，それは，電子回路が歩んできた歴史と，それを支えてきた技術の進歩の結果，本当にここ最近になって，電子回路（理論）と，エレクトロニクス（応用）が密接につながるようになってきました。そしてコンピュータのような電子機器を使う立場の方こそ，その中身の理論である電子回路を学ぶことの意義が増してきた，というよりも，電子回路を学ぶことで「芸域（できること）」を大きく広げられる時代になっているのです。

　詳しくは第5講のコラムに書きましたので，ぜひ先にそちらをお読みください。その中でも紹介していますが，この本の各講の最後に，その講の内容

のまとめのイラストを,「ハルロック」という電子工作を題材としたマンガの作者の西餅先生に描いていただきました。これを単なるマンガだけでなく, 第 5 講コラムでお話しするような, 電子回路とエレクトロニクスと電子工作のつながり, という観点で, 特に第 1 話（$1\Omega$）の「きっかけ」に注意して読んでいただくと, その意味がわかっていただけると思いますので, ぜひあわせてお読みください。

　この本が, このコラムでお話している「電子回路を学ぶ意義」とあわせて, 電子回路の理解と並んで, それ以上に大切な実践・応用の一助となることを祈っています。

　なおこの本を書くにあたり、トランジスタやその等価回路の考え方について、横河電機（株）の加藤大氏に、多くの助言をいただきました。また西餅先生には、この本の趣旨をご理解いただき、ご自身の作品の「ハルロック」を題材とした講末のイラストを描いていただきました。また奈良岡真理子さんには, 本文中のいくつかのイラストを描いていただきました。この場を借りて深くお礼を申し上げます。

秋田純一

# はじめての電子回路 15 講 ―――――もくじ

第1講　はじめに：「ことば」の整理 ……………………… 6

第2講　電子回路の米粒：半導体とトランジスタ …… 18

第3講　信号とトランジスタ回路の振る舞い ………… 30

第4講　トランジスタの増幅回路と小信号等価回路 … 38

第5講　トランジスタ回路の線形化 ………………… 49

第6講　いろいろなトランジスタ回路：
　　　　カレントミラーとその周辺 …………… 60

第7講　差動増幅回路 ………………………………… 70

第8講　カスコード増幅回路 ………………………… 81

| | | |
|---|---|---|
| 第9講 | 電源回路 | 90 |
| 第10講 | オペアンプとその基本回路 | 101 |
| 第11講 | オペアンプの応用回路 | 110 |
| 第12講 | 現実のオペアンプ | 119 |
| 第13講 | フィルタ回路とボーデ線図 | 135 |
| 第14講 | 帰還回路と発振回路 | 148 |
| 第15講 | オペアンプの周波数特性と安定性 | 158 |

# はじめに：「ことば」の整理

## 第1講

これから電子回路のことを学んでいきますが，そもそも電子回路は，電気を扱うものですから，「電気に関すること」は，いわば「電子回路における言葉」のようなものです。多くの皆さんにとっては，当たり前のことがらもあるかもしれませんが，初めに，一通りの「電子回路の言葉」をおさらいしておきましょう。

## 1.1 電圧と電流

電子回路で扱う信号は，すべて「電気」です。電気を表す量は，「電圧」と「電流」しかありません*。つまり電子回路とは，「どのような電圧を加えたら，どのような電流が流れるか」という「電圧と電流の関係」で理解することができます。

では電圧と電流は，どのようなものだったでしょうか。よく例えられるのは，図1.1のような水の流れです。電流は流れている水の量，電圧はその水を流す落差，と考えればよいです。当然ですが，水は高いところから低いところへ流れますから，

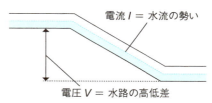

**図1.1** 水の流れにおける電圧と電流

電流が流れる向きは，電圧が高いところから低いところへ，です。そんなの当たり前だよ，と思われるかと思いますが，ぜひ今後，折に触れて，この「水の流れのアナロジー」を思い出して理解してください。ところでニュースなどで「高圧電流」という表現をみることがありますが，よく考えると，これはおかしい表現ですね。電圧の大きさはボルト（V），電流の大きさはアンペア（A）という単位で表します。

ちなみにここでは「電圧を加えると電流が流れる」と書きましたが，逆に

---

\* 電荷や磁界もありますが，"電荷は電流の積分として必要に応じて"で扱えますし，磁界が電子回路に直接関係するのはEMI（電気的ノイズ）と電磁誘導ですが，いずれもこの本で扱う範囲を超えますので，この本では，"電圧と電流ですべてを考える"，という立場を取ります。

「電流が流れることで電圧が生まれる」と考えることもできます。これは追々見ていきたいと思います。

## 1.2 オームの法則とキルヒホッフの法則

電子回路では，何かに電圧を加えて，そこに電流を流す，わけですが，その対象のことを「負荷」と呼びます。負荷は，電圧を加えられて電流を流されて，何かの働きを生みます。例えば負荷が LED であれば光を発し，モーターなら力を生みます。

その負荷に加える電圧と流れる電流の関係は，図 1.2 のようなオームの法則として知られています。これは，ある素子に加わる電圧 $V$ と流れる電流 $I$ の比 ($V/I$) を**抵抗 $R$** と定義する，とみることができます。そし

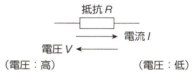

**図 1.2** オームの法則

て素子によっては，この抵抗の値（単位はオーム〔Ω〕）が一定となり，$V = IR$ という関係が成り立ちます。これが皆さんがよく知っているオームの法則の式ですね。

このオームの法則の式は，見方を変えると図 1.3 のように「抵抗 $R$ に電流 $I$ を流すと，その両端に電圧 $V$ が生まれる」と考えることもできます。つまり電流が原因，電圧が結果，ということです。この両者の見方の使い分けは，以後，実例を交えながら紹介していきますが，まずはこのような見方があることを心にとめておいてください。

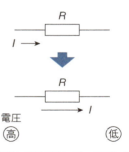

**図 1.3** 抵抗に電流が流れると，両端に電圧が生まれる

なお多くの素子では，この抵抗の値は一定とはなりません。つまり加える電圧と流れる電流は比例しません。しかし別の方法で，素子の「抵抗に相当する値」が求められたり決まったりする場合があります。そのような場合は，図 1.4 のように，その「抵抗に相当する値」から，その素子に加える電圧から流れる電流を求めたりできます。

このオームの法則を，複数の素子からなる回路に拡張したものが，図1.5のキルヒホッフの法則です。詳細は電気回路の教科書に譲りますが，ここでも，ここまでに紹介したオームの法則の考え方を使って，回路に沿った電圧の変化と，それによって流れる電流をイメージしながら，自分なりの理解をしておいてください。その際，「電流は電圧が高い方から低い方へ流れる」という，電圧の高低と電流の向きの関係は，常に心がけましょう。

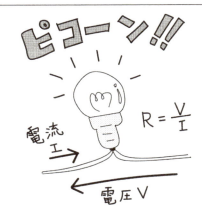

**図 1.4** 「抵抗に相当する値」が決まれば，電圧と電流の関係はオームの法則を満たす

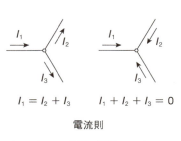

電流則

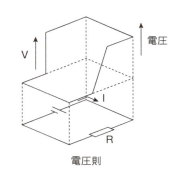

電圧則

**図 1.5** キルヒホッフの法則の理解のしかた

・第1法則：電流は流れ続けるので，分岐において入る量と出る量は等しい。これは出る量を「入る量がマイナス」と考えれば，入る量の総和はゼロ，と言い換えられます。
・第2法則：回路を一周すれば，電圧が上がる分と下がる分は等しい。これは下がる分を「上がる量がマイナス」と考えれば，回路一周での電圧変化はゼロ，と言い換えられます。

### 演習 1.1

図1.6の左側の回路で，$V_1 = -1\,\mathrm{V}$, $V_2 = -13\,\mathrm{V}$, $R_1 = R_3 = 3\,\Omega$, $R_2 = 2\,\Omega$ と

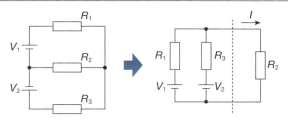

**図 1.6** 電圧と抵抗からなる回路の例

して，各抵抗に流れる電流を求めましょう。

## 1.3　等価回路とテブナンの定理

　電子回路を構成する素子が多くなってくると，1 個 1 個の挙動を考えていくのは大変です。しかし電子回路は，あくまでも「電圧を加えたら電流が流れる」ものですから，その回路が「どう見えるか」は，図 1.7 のように，その

> **コラム：抵抗の回路図記号**
>
> 　つい最近まで，抵抗素子の回路図記号にはギザギザの記号が使われていましたが，1999 年前後に国際規格にあわせて JIS 規格が改定され，長方形の記号を使うことになりました。この本では，JIS 規格にしたがって，正式（？）な長方形の記号を使うことにします。ただ JIS 規格には
>
>
>
> 法的拘束力がないのと，あまりに長い間ギザギザ記号が使われていたため，いまだにこちらを目にする機会も多く，こちらの記号の方がなじみのある方も多いかと思います。ちなみに，JIS 規格が変わったのに旧記号を使い続ける人たちを「抵抗勢力」と言うんだとか言わないんだとか…。

第 1 講　はじめに：「ことば」の整理

電圧と電流の関係でしか理解することができません。言い換えれば，その回路の中身がどうなっているかは，外からは知ることはできず，加える電圧と流れる電流の関係でしかとらえられない，ということです。例えば図1.8のように，中に2本の抵抗 $R_1$, $R_2$ が直列につながっ

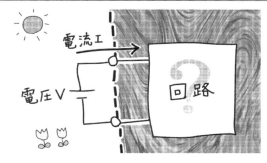

**図 1.7** 電子回路が，外からどう見えるか

ている回路と，$(R_1 + R_2)$ という抵抗値の1本の抵抗がつながっている回路は，箱の外から見る限り，区別することはできません。

　そこで電子回路では，その回路が外から見てどう見えるか，という観点で，「外から見て同じ働きをする回路」を考えると便利です。このような回路を**等価回路**とよびます。先ほどの図1.7の例では，抵抗が2本ある回路の等価回路は，抵抗が1本の回路，と言うことができます。

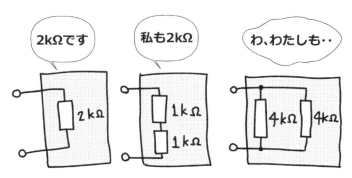

**図 1.8** 回路の中身が違っても外からは区別できない例

　ある回路の等価回路を求める，つまり外から見るとその回路がどう見えるかを求めるためには，加える電圧と流れる電流の関係を調べることになりますが，その回路が線形な素子（抵抗などの電圧と電流の関係が比例する素子）からできている場合は，どのような回路でも，図1.9のような，電圧源と抵抗だけの，とても簡単な等価回路を求めることができます（**テブナンの定理**（鳳（ほう）－テブナンの定理とも呼ぶ））。この $E_0$ は開放電圧，つまり何も負荷をつ

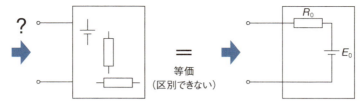

**図 1.9** テブナンの定理

がない状態でこの回路に現れる電圧です。そして $R_0$ は，この回路の中に実際にある電圧源をゼロ（短絡），電流源をゼロ（開放）して求めた合成抵抗の値，です。どのような回路でも，外から見る限り，この等価回路と同じようにしか見えない，というわけです。そんな大胆な簡略化ができるのか？と心配になりますが，これは図 1.10 のように証明することができます。この定理，電気回路の教科書には載っているものの，なかなか実際に使う場面がないために忘れがち（私もそうでした）なのですが，電子回路，特にトランジスタの小信号等価回路の理解に不可欠ですので，ぜひ覚えて（思い出して）おいてください。

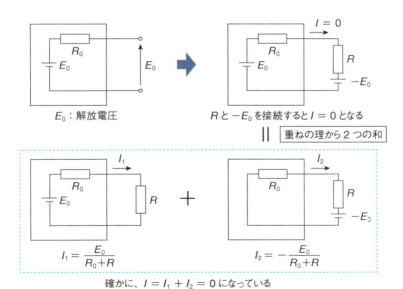

**図 1.10** テブナンの定理の証明

### 演習 1.2

テブナンの定理を使って，図 1.6 の回路の点線の右側からみた左側の等価回路を求めましょう。また $V_1 = -1\,\text{V}$, $V_2 = -13\,\text{V}$, $R_1 = R_3 = 3\,\Omega$, $R_2 = 2\,\Omega$ として，$R_2$ を流れる電流 $I$ を求めてみましょう。

## 1.4 直流と交流

電子回路で扱う信号は，電気信号，つまり電圧や電流であるわけですが，電圧や電流が時間とともにどう変わるか，によって扱いが異なります。

1 つは，時間で変化をしない一定の値をとる電圧や電流で，**直流**（Direct current；DC）と呼びます。一定の電圧を「直流」電圧と呼ぶのは，言われてみればへんな表現ですが，この表現を使います。

もう 1 つは，時間とともに変化する電圧や電流で，**交流**（Alternative current；AC）と呼びます。ただ，時間とともに変化する，といっても，どう変化するのかが漠然としすぎているので，電子回路ではほとんど（すべてと言ってもいいかもしれない）の場合，図 1.11 のように，時間に対して正弦波となる電圧や電流を扱います。正弦波以外の信号はどう扱うのか，と心配になるかもしれませんが，どのような波形でもフーリエ変換すれば正弦波の和として表現できるため，それぞれの正弦波に対する電子回路の挙動の和と考えればよいので，心配はいりません。というわけで，正弦波の電圧・電流を交流電圧・交流電流と呼びます。

正弦波の特徴を決めるパラメータは，図 1.11 のように，**振幅 $A$**，**周波数 $f$**，**位相 $\theta$** の 3 つで，これを使って次のように書くことができます。

$$V(t) = A \sin(2\pi f t + \theta)$$

つまり時刻 $t$ における電圧は，この式で求められるわけです。$f$ の前に $2\pi$ がつくのは，一周期の時間 $t = 1/f$ で，三角関数の sin が一周期の $2\pi$ となるようにするためです。周波数 $f$（単位は [Hz]）は，周期 $T$（単位は [s]）と $f = 1/T$ という関係があ

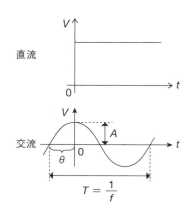

**図 1.11** 直流と交流（正弦波）のグラフ

るのでした。また $\omega = 2\pi f$ のことを**角周波数**（単位は [rad/s]）と呼びます。位相 $\theta$ は，ちょっと理解しにくいので，図 1.12 の例をみてみましょう。まず，時刻 $t = 0$ で電圧が $0$ となる正弦波は，$\sin(x)$ のグラフと式を考えればわかるように，$\theta = 0$ となります。次に，仮に $\theta > 0$ としましょう。$t = -\theta/2\pi f$ ですから，$\sin()$ の括弧の中身がゼロとなるのは，$t < 0$ のときです。つまりこの場合の正

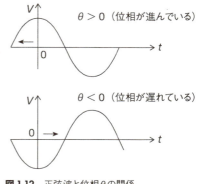

図 1.12　正弦波と位相 $\theta$ の関係

弦波のグラフは，図 1.12 の上のグラフのように，$\theta = 0$ の場合よりも左にずれます。この状態を「位相が進んでいる」と呼びます。横軸が時刻 $t$ のグラフで，グラフが左に動いて時間が戻っているように見えるのに「位相が進んでいる」というのは，慣れないと違和感を感じるかもしれませんが，「$\theta > 0$ は位相が進んでいる」と理解しておきましょう。逆に $\theta < 0$ の場合はグラフが右に動いて「位相が遅れている」と呼びます（図 1.12 の下のグラフ）。なお $\theta$ $= 180$ 度の場合は，位相が進んでいても（$\theta = 180$ 度），遅れていても（$\theta = -180$ 度），どちらの場合でも，元のグラフと上下が逆になることに注意しておきましょう。これは式の上では $\sin(x + 180°) = -\sin(x)$ にに対応します。

### 演習 1.3

$f = 50$ Hz の正弦波の周期 $T$ と角周波数 $\omega$ を求めましょう。また一周期分（$T$）の時間変化が位相で何度に対応するかを求めましょう。

ところで実際の電子回路では，図 1.13 のように，直流と交流の両方が混じった場合がよく出てきます。例えば，正弦波だけど $t$ 軸よりも上にあるような場合です。このような場合は，その信号を直流と交流に分けて考えればよいです。つまり交流（正弦波）は必ず $t$ 軸の上下で対称に変化します（変化の中心がゼロということ）ので，変化の中心を探してそれを直流成分 $V$ として，そこを中心に変化する交流成分を $v$ とすればよいのです。ところでさりげなく書きましたが，この $V$ と $v$ のように，電子回路では基本的に，**直流成**

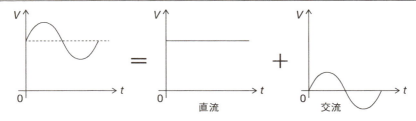

**図 1.13** 直流と交流が混じった信号

分を大文字，交流成分を小文字で書きますので，よく覚えておいてください。

## 1.5 インピーダンス

ここまでの話とは直接関係ないのですが，けっこう苦手な人も多いかと思いますので（私がそうでした），交流信号を扱う上で避けられない**インピーダンス**の考え方をおさらいしておきましょう。

インピーダンスとは，簡単に言ってしまうと「抵抗のようなもの」です。素子の両端に加える電圧 $v$（小文字なので正弦波の交流です），流れる電流を $i$（これも交流）とすると，その両者の比 $Z = v/i$ を，この素子のインピーダンスと定義するのですが，この $v/i$ は，オームの法則の抵抗そのものです。つまり，抵抗以外の素子でも定義できる「抵抗のようなもの（電圧と電流の比）」がインピーダンスであるわけです。そう言われてしまえば，えらく簡単に思えてくるかと思いますが，実際，交流信号を加える抵抗・コンデンサ・インダクタからなる回路で，それぞれのインピーダンスを「抵抗のようなもの」とみなして，オームの法則やキルヒホッフの法則，分圧の法則などの式は立てられます。あくまでも「抵抗そのもの」ではないのですが，頭の中では「抵抗」と考えるとよいでしょう。

導出過程は省略しますが，コンデンサのインピーダンス $Z_C = 1/j\omega C$，インダクタのインピーダンス $Z_L = j\omega L$ となります。この $j$（虚数単位）がどうも苦手という方も多いかと思いますが，これも含めて，合成抵抗（インピーダンス）を複素数として計算すれば OK です。

ところでインピーダンスに $j$ が出てくるのは，さきほどの正弦波の位相と関係します。詳しくは電気回路の教科書を参照していただくこととして，要点だけまとめると，$e^{j\omega t}$ は複素平面で時間とともに回転するベクトルですが，

このベクトルの実軸への投影が実際に観測される電圧・電流であると考えます。コンデンサの$v$と$i$は、インピーダンスの定義から$i = j\omega Cv$という関係がありますが、複素平面で$j$をかけることは、90度の回転に対応しますので、図1.15のように、$i$のベクトルは$v$のベクトルを90度回転

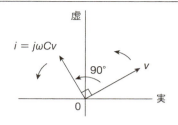

**図1.15** 複素平面のベクトルと位相の関係

させたものということになります。つまり、$i$は$v$より位相が90度進んでいる、ということになります。位相の進み・遅れはなかなか慣れないと思いますが、「インピーダンスが複素数」＝「$v$と$i$の位相がずれている」＝「$v$と$i$の変化のタイミングがずれている」、ということは、ぜひ理解しておいてください。

### 演習 1.4

図1.16の回路の$v_1$を求めましょう（分圧の法則）。

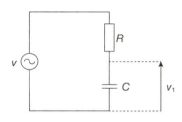

**図1.16** インピーダンスによる分圧

## 1.6　入出力からみる「回路の特徴」

　電子回路の「外から見た特徴」は、与える入力信号と出てくる出力信号の関係、でしか見ることができません。そこで入力$v_i$と出力$v_o$の関係として、この両者の比$v_o/v_i$を、これを、この電子回路の特徴を表すもの、と考えることにします。（この$v_o/v_i$は、電子回路の種類によって、**伝達関数**や**増幅率**などと呼ばれます）

　一般には、出力信号の特性は、入力信号の周波数に応じて変わりますので、この$v_o/v_i$は信号の周波数の関数となり、さらに両者に位相のずれが生じる場合が多いので、一般に複素数となります。つまり、この$v_o/v_i$の絶対値が$v_o$と$v_i$の振幅の比、$v_o/v_i$の偏角が$v_o$と$v_i$の位相の差を表すことになります。

## 1.7 数値の表し方

この講の最後に，電子回路を扱っていく上で，よく使う数値の表し方についてまとめておきます。

電子回路で扱う電圧や電流，周波数，増幅率などの数値は，非常に大きい値や非常に小さい値をとったりします。例えば増幅率 1,000,000 倍，電圧 0.000001 V，周波数 1,000,000,000 Hz，のようなゼロがたくさんつく数値が日常的に現れます。そのたびにこのようにゼロを並べて書くのは，見にくいですし，間違いのもとです。

そこで，単位の前につける「補助単位」がよく使われます。例えば重さ「1 kg」の k（キロ）は，1000 倍を表す**補助単位**で，重さの単位の g（グラム）の前につけて，「kg」で 1000 g のことを表します。この k の他に，電子回路では図 1.17 のような補助単位がよく使われます。

| 補助単位 | p | n | μ | m | k | M | G |
|---|---|---|---|---|---|---|---|
| 読み方 | ピコ | ナノ | マイクロ | ミリ | キロ | メガ（メグ） | ギガ |
| 倍率 | $10^{-12}$ | $10^{-9}$ | $10^{-6}$ | $10^{-3}$ | $10^{3}$ | $10^{6}$ | $10^{9}$ |

**図 1.17** よく使われる補助単位

ちなみに補助単位がつく数値どうしの計算は，補助単位どうしでまとめて行うと便利です。例えば 1 [V] ÷ 1 [mA] は，単位だけの割り算では [V/A] = [Ω] となり，補助単位どうしに着目すると，分子が補助単位なし（1 倍），分母が補助単位 m（ミリ = $10^{-3}$ 倍）ですので，これらだけを計算すると $10^{3}$ 倍となります。$10^{3}$ 倍を表す補助単位は k（キロ）ですので，単位の計算とあわせると，この結果は 1 [kΩ] ということになります。この補助単位が混じった数値の計算は，ぜひ慣れてください。

### 演習 1.5
1 kΩ の抵抗に 10 mV の電圧を加えたときに流れる電流を求めましょう。

もう 1 つ，電子回路でよく使われる，大きな値の表し方に，**デシベル**（dB）

表記があります．これは増幅率などの比率（倍率）の値を表記する方法で，倍率 $A$ を次のような式で求めるものです．

$$20 \log_{10} A \quad [\text{dB}]$$

例えば $A = 10$ 倍は 20 dB，$A = 100$ 倍は 40 dB，$A = 1000$ 倍は 60 dB となります．よく考えるとわかるように，倍率どうしのかけ算は，デシベル表記では，例えば以下のように和となります．これは，対数の $\log A + \log B = \log AB$ という関係に対応します．

$$A_1 = 10 \text{ 倍 } (20 \text{ dB}), \quad A_2 = 100 \text{ 倍 } (40 \text{ dB})$$
$$\rightarrow A_1 \cdot A_2 = 1000 \text{ 倍 } (60 \text{ dB})$$

ちなみに 2 倍 = 6 dB というのもよく使うので，覚えておくとよいでしょう．また 1/10 倍 = $-20$ dB となります．

このデシベル表記とあわせてよく使われるのが，グラフの対数軸です．これは軸の目盛りを対数で表記したもので，周波数や増幅率など，大きな値の変化をとるグラフでよく使われます．なお縦横の両者を対数軸としたグラフでは，$y = x^n$ は傾きが $n$ の直線となることに注意しておきましょう．これは $\log y = n \log x$ のためですが，例えば反比例（$y = 1/x$）のグラフは傾き $-1$ の直線となります．

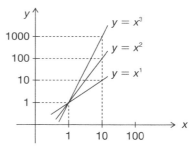

**図 1.18** 対数軸と，そこに描いた $y = x^n$ のグラフ

トランジスタ抱きまくら

第 1 講　はじめに：「ことば」の整理

# 第2講 電子回路の米粒：半導体とトランジスタ

ここから本格的に「電子回路」の世界に入っていきます。科目としての電気回路と電子回路の違いは、「半導体」を扱うかどうかです。その半導体と、それを利用する素子（部品）であるトランジスタの構造について、まずは理解をしておきましょう。

## 2.1　導体・絶縁体と半導体

電子回路は、つきつめれば、加える電圧と流れる電流の関係でした。物理現象としては、電圧は2点間の電位差で、電流は電子の流れる量です。

電流が流れやすい物質を導体と呼び、銅やアルミニウムなどの金属がその例ですが、これらは内部に原子から離れて自由に動ける電子（自由電子）があります。これは少し電圧（電位差）を加えると多くの電子が動く、つまり電流がよく流れる、という性質があり、これはオームの法則からは、電気抵抗が小さい、と理解することができます。

逆に自由電子がほとんどない、つまり電圧を加えてもほとんど電流が流れない、電気抵抗が非常に大きい物質を絶縁体と呼びます。絶縁体の電気抵抗は例えば $10^{12}\,\Omega$ もあります。

そんな中、シリコン（Si）やゲルマニウム（Ge）などの一部の物質の結晶は、導体と絶縁体の中間ぐらい（例えば $1\,\mathrm{k}\Omega$）の電気抵抗をもつことから、「半分くらい導体」という意味で**半導体**と呼ばれます。しかし半導体は電気抵抗がただ中間くらいというだけでなく、次に見るような性質があり、それまでの「電気回路」の世界を大きく変えることになりました。

## 2.2　半導体の物理的な性質

半導体の物質の特徴の1つは、結晶を作るときに不純物を加えることで、その電流の流れやすさ、つまり電気抵抗を調節できることです。これは、半導体の中の自由電子が生まれるメカニズムと関連があります。

例えばシリコン（Si）は、4本の結合の手をもっていますので、図 2.1（a）のようにシリコンどうしが共有結合で強く結合して結晶を作ります。このシ

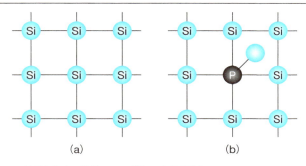

**図 2.1** シリコンの結晶 (a) と，微量のリンが混じった結晶 (b)

リコンの結晶を作るときに，ほんの少しだけリン (P) を加えると，図 2.1 (b) のように，シリコンが作る結晶の中のところどころにリンが入った構造の物質ができます。リンは結合の手 (実体はペアになっていない不対電子) が 5 本ありますので，この余った結合の手，つまり自由に動ける自由電子となり，これが電圧を加えたときに流れる電流の実体となります。このように，自由電子の源は不純物のリンですから，加えるリンの量によって，自由電子の量，つまり結晶の電気抵抗を調節することができるわけです。このように結合の手が 5 本ある不純物を加え，自由電子がある状態の物質を **N 型半導体** と呼びます。N 型の N は negative の意味で，電子の電荷が負であることからついた名称です。

半導体の物質のもう 1 つの特徴は，これとは別のメカニズムで電流が流れる現象があることです。シリコンの結晶を作るときに，結合の手が 3 本しかないホウ素 (B) を加えてみると，図 2.2 のように，シリコン側の結合の手が余った状態の結晶ができます。この「結合の手が余った状態」では，電子がはまれば共有結合を作って安定しますので，電子を求める性質がある，といえます。ここに図 2.2 のように隣のシリコンどうしの結合から電子が 1 個移動すると，今度はその移動した元のところが「結合の手が余った状態」となります。この現象を整理すると，電子が左に移動したことで，「結合の手が余った状態」が右に移動した，と見ることができます。この「結合の手が余った状態」の移動した向きは電子と逆ですから，この電子の移動が加えた電圧によって起こったと考えると，「結合の手が余った状態」が電子と逆向きに動いたことになりますから，見かけ上，電子とは逆の正の電荷をもったもの，と

第 2 講　電子回路の米粒：半導体とトランジスタ

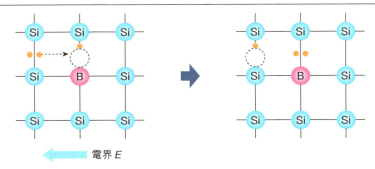

**図 2.2** 微量のホウ素が混じったシリコン結晶と，その中を動く電子とホール

みることができます。この，見かけ上は正の電荷をもつ「結合の手が余った状態」(実体は電子が抜けた穴) のことを**正孔**（**ホール**）と呼びます。電子が抜けた穴 (hole) という意味ですね。このように，結合の手が 3 本の不純物を加えてホールがある状態の結晶を **P 型半導体**と呼びます。P 型の P は positive の意味で，ホールが見かけ上，正の電荷をもつことからついた名称です。なお P 型半導体のホールの量，つまり電気抵抗も，加える不純物の量で調節することができます。

　元は同じシリコン (など) の結晶でも，加える不純物の性質と量によって，電流を担う電荷の種類 (電子とホール) とその量を調節できる，ということに注目してください。この P 型・N 型をうまく組み合わせることで，さまざまな特性をもつ素子が可能となります。

## 2.2　ダイオードとその中で起こること

　半導体物質がもつこのような特徴を使って，図 2.3 のように N 型と P 型の 2 つの半導体結晶をつなげた構造の**ダイオード**と呼ばれる素子の性質を考えてみましょう。ちなみに実際に作るときは，N 型半導体結晶と P 型半導体結晶を別々に作ってからくっつけるのではなく，結晶を作る過程で，途中までは N 型となるように不純物を加え，途中から P 型となるように不純物を加え

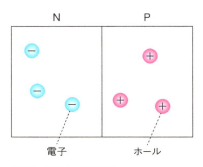

**図 2.3** ダイオードの構造

る，という作り方などをします。

このN型とP型の半導体結晶の境界（PN接合）で起こる現象を思考実験で追ってみましょう。このPN接合の両側では，N型領域では電子が多く，P型領域ではホールが多いわけで，両者の濃度に大きな差があります。このように大きな濃度差がある状態は不自然で，自然の摂理として図2.4のように，両者が混じって濃度が均一となろうとする現象（拡散）が起こります。つまり図2.5のように，N型領域の電子はP型領域へ，P型領域のホールはN型領域へ自然に移動することになります。P型領域はホールがたくさんあるわけですが，ホールは「電子が抜けた穴」です

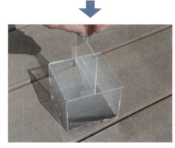

図 2.4　拡散現象

から，そこへ移動した電子は，その穴にはまってしまうことになります（図2.5）。このように電子とホールが出会って電子が動けなくなる現象を「再結合」と呼びます。このようにP型領域に入って再結合して動けなくなった電子を（負の）空間電荷と呼びますが，このような電子が続出することになります。同様にP型領域からN型領域に入ったホールも，N型領域の電子と再結合して動けなくなり，（正の）空間電荷となります。

このようにPN接合の境界付近では，空間電荷が生まれるわけですが，この空間電荷は，電荷どうしに働く静電気力の向きを考えるとわかるように，さらなる電子やホールの移動を抑制する働きがあります。つまりP型領域側に入って負の空間電荷となった電子は，次にくる電子に反発力を与えますから，次の電子はP型へ入りにくくなります。そのため次第にPN接合を超えた電子とホールの移動が少なくなり，

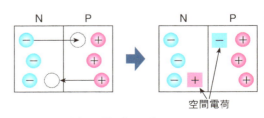

図 2.5　PN接合と空間電荷の形成

第2講　電子回路の米粒：半導体とトランジスタ

最終的には空間電荷が作る電荷の壁が電子とホールを隔てた状態で安定することになります。この PN 接合付近にある空間電荷の壁を**空乏層**と呼びますが、これのおかげで、煙の拡散のように全体が均一になるまで電子とホールが移動して混ざる、ということはおこらないわけです。

ちなみに「ダイオード (diode)」という名称は、di が 2 を表す接頭語、ode が電極を表す言葉で、元は 2 本の端子がある素子、という意味です。つまり 2 本の端子がある素子は、語源としては抵抗もコンデンサもダイオードなわけですが、通常は PN 接合を 1 つもつ素子のことをダイオードと呼びます。またこのダイオードの N 型領域側をカソード (cathode)、P 型領域をアノード (anode) と呼びます。ちなみにこの名称はそれぞれ負極、正極の意味です。

## 2.3 ダイオードの電子回路としての性質

電子回路としては、ダイオードに電圧を加えて電流を流してみたくなります。つまり加えた電圧に対してどのような電流が流れるか、を知りたくなります。そこで図 2.6 のようにダイオードに電圧源をつなぎ、そこに流れる電流がどうなるかを思考実験で追ってみましょう。

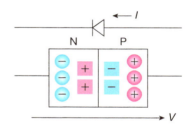

**図 2.6** ダイオードの加える電圧と電流の定義

まずこの電圧が負、つまりカソード側を＋、アノード側を－に接続した状態を考えてみます。このときは図 2.7 (a) のように、カソード側 (N 型領域) にある電子は電圧源の＋側から引力を受け、逆にアノード側 (P 型領域) にあ

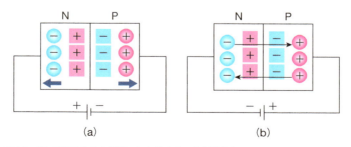

**図 2.7** ダイオードに電圧を加えた状態。(a) 逆方向、(b) 順方向

るホールは電圧源の−極から引力を受けます。つまり PN 接合を超えた電子やホールの移動は起こりませんので、電流は流れません。このような状態を逆方向と呼ぶことにしましょう。なお正確には、P 型領域にも微量の電子が、N 型領域にも微量のホールが存在するため、これらの微量な電子とホールの再結合による電流は存在しますが、概略の現象の理解としては無視して構いません。

　逆にダイオードに正の電圧、つまりカソード側を−、アノード側を+に接続した状態を考えてみます。このときは図 2.7 (b) のように、N 型領域の電子、P 型領域のホールがともに PN 接合を超えて反対側の領域に入る向きの力を受けます。しかし空乏層の空間電荷からの反発力を受けるため、なかなか空乏層の壁を超えることができません。しかし電圧源が加える電圧を高くしていくと空乏層の壁を越えようとする力も大きくなり、あるところからは、空乏層の壁を越えて電子とホールがそれぞれ反対側の領域に入っていきます。こうなると、まわりにあるのは再結合の相手ばかりですからどんどん再結合が起こって電子やホールが少なくなります。半導体結晶内の電子やホールの量（密度）は熱平衡状態では一定に保たれますから、不足する電子やホールは電圧源から補充されることになります。つまり電圧源からどんどん電子やホールが流れ込むことになり、これは電流が流れているとみることができます。このような状態を順方向と呼ぶことにしましょう。

　つまりダイオードに加える電圧と電流の関係（電圧 $V$ と電流 $I$ の関係ということで $V$–$I$ 特性と呼ぶ）は、おおまかには図 2.8 のようになります。このように逆方向では電流が（ほぼ）流れず、順方向でもある程度の電圧まではほとんど電流が流れない（空乏層を超えられない）が、あるところから急に電流が流れるようになる、という特徴があります。この特性を大胆に図 2.8 の点線のように近似することもできます。つまり順方向のある点（シリコン結晶のダイオードで約 0.6 V）までは全く電流が流れず、それを超えるとダイオードの両端電圧は一定、つまりいくら電圧を加えようとしてもダイオードの両端電圧（順方向電圧）は変わらず、電流が好きなだけ流れる、とみることができます。

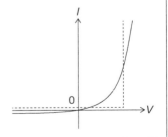

**図 2.8** ダイオードに加える電圧と電流の概略とその近似（点線）

### 演習 2.1

図 2.9 のような回路で，ダイオードの順方向電圧が 0.6 V で一定と近似して，流れる電流を求めましょう。

**図 2.9** ダイオードと抵抗からなる回路

ちなみに理論的には，ダイオードに加える電圧 $V$ と流れる電流 $I$ の間には，次のような関係があることが求められます。

$$I = I_S \left\{ \exp\left(\frac{V}{nV_T}\right) - 1 \right\}$$

ここで比例係数の $I_S$ は飽和電流と呼ばれるダイオードに固有の値（温度によって変化する），$V_T$ は $kT/q$（$k$ はボルツマン定数，$T$ は温度，$q$ は電気素量（電子の電荷の絶対値）），$n$ はダイオードの構造によって決まる定数です。この式の導出の詳細はここでは触れませんが，ボルツマン定数や電気素量という物理量が関係してくるのは不思議ですね。興味のある人はぜひ半導体工学の書籍などをあたってみてください。

## 2.4 トランジスタのなかみ

次にダイオードの延長として，図 2.10 のように N-P-N の順に 3 個の半導体領域をつなげた構造を考えてみましょう。ただし真ん中にはさまれている P 型領域は，薄くしておくことにします。このような構造の素子を**トランジスタ**（正しくはバイポーラ・トランジスタ）と呼びます。そしてそれぞれの領域に，図 2.10 のように**エミッタ**（Emitter；E），**ベース**（Base；B），**コレクタ**（Collector；C）という名前をつけておきましょう（名前の由来はあとで紹介します）。

このトランジスタを電子回路的に扱うためには，電圧を加えて流れる電流をみるわけですが，電圧は 2 つの端子の間に加えますし，電流は 1 つの端子に流れ込む（流れ出る）わけですので，3 つの端子があるトランジスタでは，ごっちゃになりそう

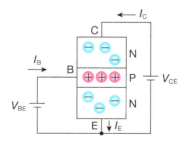

**図 2.10** トランジスタの構造と加える電圧・電流の定義

です。そこでまず3つの端子のうちのEを，電圧を測る基準として固定することにします。そしてEを基準としてBとCの電圧を測る，つまりB-E間とC-E間の電圧を考えることにします。これらの電圧をそれぞれ$V_{BE}$と$V_{CE}$と呼ぶことにします。つまり添え字の2つの文字が端子名で，右側が基準（電圧源の−側）というルールとしましょう。

また流れる電流は，その端子の名前を添え字につけて，Bに流れる電流は$I_B$，のように呼ぶことにしましょう。まとめると図2.10のようになります。

さてまずB-E間の性質からみていきます。BはP型領域，EはN型領域ですから，B-E間の構造はダイオードそのものです。つまりB-E間の電圧$V_{BE}$とBに流れる電流$I_B$との関係（$V_{BE}-I_B$特性）は，図2.11のようにダイオードの$V-I$特性と同じようになるはずです。実際，よく使われる2SC1815という型番のトランジスタのデータシートには図2.11のような$V_{BE}-I_B$特性のグラフが載っています。縦軸が対数軸なので，図2.11（左）とは違うようにみえますが，$V_{BE}=0.6\,\mathrm{V}$付近を境に急に流れる電流が増える，というダイオード特有の特性をもっていることがわかります。

さてこれだけだとただのダイオードなわけですが，もう1つの端子Cを使うと，トランジスタならではの現象がおこります。図2.12のようにCにも電圧$V_{CE}$を加えた状態を考えみます。B-E間に加えた電圧でダイオードのように流れる電流の

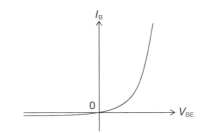

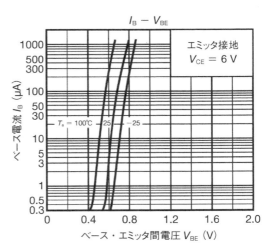

**図 2.11** トランジスタの$V_{BE}-I_B$特性と実際の$V_{BE}-I_B$特性の例 (㈱東芝)

実体は，P型であるB領域に入ってくるホールですが，ダイオードの順方向電流と同様に，N型であるE領域からも同数の電子が境界の空乏層を超えてB領域に流れ込みます。ところがトランジスタのB領域は非常に薄く作ってあることを思い出してください。B領域は非常に薄いため，EからBに流れ込んできた電子の大半は，B領域でホールと再結合する間

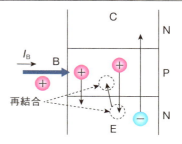

**図 2.12** トランジスタのBで起こる現象

もなくB領域を通過して反対側のC領域に入ってしまいます。このC領域へ入った電子は，C端子に加わっている正の電圧 $V_{CE}$ によって引っ張られますから，そのままCから出ていくことになり，これが $I_C$ となります。運悪く（？）B領域内でホールと遭遇した電子だけが再結合して，それを補うようにBに流れる電流 $I_B$ となります。この運悪くB領域でホールと遭遇する電子は一般には1%程度で，99%以上の電子は $I_C$ となります。つまり $I_C$ は $I_B$ よりも100倍近く大きいことになります。

Eから入った電子のうちCへ抜ける電子の割合を（ベース接地の）電流増幅率と呼んで $\alpha$ と表すことにしましょう。つまり $I_E$ と $I_C$ の比が $\alpha$ ですから，

$$I_C = \alpha I_E$$

となります。また上記の現象では，元の電流 $I_E$ が，途中で $I_B$ と $I_C$ に分かれている，とみることができますから，キルヒホッフの電流則から

$$I_E = I_B + I_C$$

が成り立ちます。

この2つの式を整理して，$\beta = \alpha/(1-\alpha)$ とおけば

$$I_C = \frac{\alpha I_B}{1-\alpha} = \beta I_B$$

と書くことができます。この $\beta$ を（エミッタ接地の）電流増幅率と呼びます。なお $\alpha$ はほぼ1ですので，$I_E$ と $I_C$ はほぼ同じとみなすことができます。

トランジスタの中で起こっている現象を思い出すと，$I_C$ が流れる原因は，もとをたどればE-B境界での再結合，つまりベースから流れ込む電流 $I_B$ ですから，$I_C$ は $I_B$ によって決まると考えられますが，実際そうなっているわけです。しかも $\alpha$ が1に近い値ですから $\beta$ は非常に大きな値となります。言い換

えれば「小さな $I_B$ を流すと，それに比例した大きな $I_C$ が流れる」とみることができるわけです。つまりバイポーラ・トランジスタは，小さな $I_B$ の変化で，$I_C$ を大きく変化させられる働きがある素子，とみることができます。

**演習 2.2**

$\alpha = 0.99$，0.999 のトランジスタの $\beta$ を，適当な近似をして求めてみましょう。

## 2.5　トランジスタの特性

トランジスタの $V_{BE}$ と $I_B$ の関係，$I_B$ と $I_C$ の関係はわかりましたが，トランジスタの C-E 間の電圧 $V_{CE}$ と $I_C$ との関係は，もうちょっと複雑です。概略としては，$I_B$ が大きいほど $I_C$ も大きく，また $I_C$ の大きさは $I_B$ で決まりますから，$V_{CE}$ は C 領域に電子を引き入れる分さえあれば，$V_{CE}$ を大きくしても $I_C$ はそれほど大きくならない，と考えられます。

先ほどと同じく，よく使われる実際のトランジスタ 2SC1815 のデータシートに載っている $V_{CE}$ と $I_C$ の関係（$V_{CE}$–$I_C$ 特性）は図 2.13 のようになります。確かに $V_{CE}$ を大きくしても，ある程度以上は $I_C$ がそれほど変わらない（多少は右上がりで大きくなる）ことと，グラフが $I_B$ ごとに分かれていて，$I_B$ が大きいほどグラフが上にある，つまり流れる $I_C$ は大きくなること，がわかります。

**演習 2.3**

図 2.13 の $V_{CE}$–$I_C$ 特性で，$V_{CE} = 1$ V と 3 V のときのそれぞれに対して，$I_B = 1$ mA と 2 mA に対して流れる $I_C$ を求めてみましょう。またそれぞれの $\beta$ を求め，どのように変わるかを調べてみましょう。

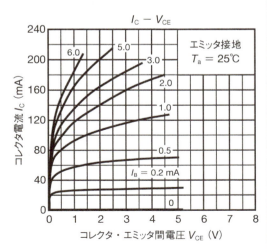

**図 2.13**　実際のトランジスタの $V_{CE}$–$I_C$ 特性の例(㈱東芝)

なお $V_{CE}$ が 0 に近いところでは，$V_{CE}$ を増やすと $I_C$ も急激に（ほぼ垂直に）増えますが，この領域を「飽和領域」と呼びます。また $V_{CE}$ を大きくしても $I_C$ の増え方が緩やかになる $V_{CE}$ をコレクタ飽和電圧 $V_{CE(sat)}$ と呼びます。図 2.13 ではほとんど読み取れませんが，$V_{CE(sat)}$ は 0.1V 以下，のようです。

一方，この $V_{CE}$ を大きくしても $I_C$ があまり増えない領域を「能動領域」と呼びます。$V_{CE}$ の増加にあわせて $I_C$ も少し増加し，$I_C$ は $I_B$ で決まるわけですが，このグラフを図 2.14 のように左にのばしていくと，$I_B$ によらずにほぼ一点で交わることが導かれます。この交わる一点の電圧（の絶対値）を**アーリー電圧 $V_A$** と呼びます。このアーリー電圧 $V_A$ は，$I_C = 0$ となる $V_{CE}$（の絶対値）といえますが，$V_{CE} = 0$ のときの $I_C$ と，能動領域での $I_C$ の傾きから求めることができます。能動領域での $I_C$ の傾きは，$I_C$ の $V_{CE}$ での偏微分係数 $\partial I_C / \partial V_{CE}$ と書くことができますから，図 2.14 のような関係を考えれば，アーリー電圧 $V_A$ は

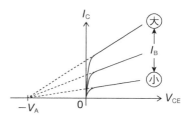

**図 2.14** アーリー電圧 $V_A$ の求め方

$$V_A = \left| \frac{I_C}{\frac{\partial I_C}{\partial V_{CE}}} \right|$$

と書くことができます。このアーリー電圧については，後ほど出てきたときに，再度見返してもらえれば十分です。

バルブの小さな力(電流 $I_B$)で、大きな水流(電流 $I_C$)を制御

# 第3講 信号とトランジスタ回路の振る舞い

## 3.1 トランジスタと信号と出力

　トランジスタを使った電子回路に加える電圧や流れる電流は，実際には例えば音声信号だったりするわけですが，どのような信号を与えるとどのような信号が出てくるか，という関係で，その回路の振る舞いを理解することになります。ところが前の講でみたように，トランジスタの特性，特に$V_{CE}-I_C$特性は，なかなか複雑な関係でした。つまりトランジスタ回路の入力と出力の関係を，$V_{CE}-I_C$特性から理解するのは，なかなか手強そうです。その点，例えば抵抗の電圧と電流はオームの法則で理解できるので，ずいぶん楽なわけですが，なぜ楽かといえば，電圧と電流の関係が線形（比例関係）であることが大きな要因です。トランジスタ回路も，なんとか線形の関係で，簡潔に理解できないものでしょうか。

　トランジスタ回路を線形に扱うポイントの1つは，微分です。微分の考え方は，図3.1のように，どんな（滑らかな）グラフでも拡大すれば直線とみることができる，という発想です。十分に拡大して直線とみなしたときの傾き（微分係数）は，元のグラフの，その点での接線の傾き，つまりその瞬間での変化の割合（変化率），とみなすことができるわけです。そしてこの「ある点」のごく近くでは，元のグラフは直線として近似できるわけですから，$x$と$y$の関係は線形（一次式）とみることができます。特に$x$と$y$の変化量である$\Delta x$と$\Delta y$は，微分係数を比例係数とする比例関係とみることができます。

　電子回路の電圧と電

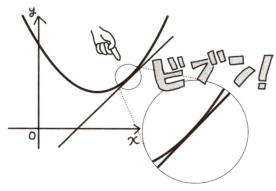

**図 3.1** 微分＝線形化

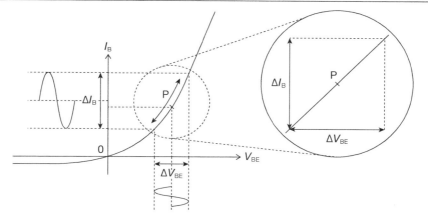

**図 3.2** トランジスタの特性と変化率

流も,「ある瞬間での変化率」で考えてみることにしましょう。例えば図 3.2 のようなトランジスタの $V_{BE}-I_B$ 特性の中で,点 P を中心として拡大しての電圧・電流の変化,言い換えると微小な電圧・電流の変化を考えてみます。この点 P を中心とする電圧 $V_{BE}$ の変化を $\Delta V_{BE}$,電流 $I_B$ の変化を $\Delta I_B$ とします。この点での接線の傾きは $\partial I_B/\partial V_{BE}$ ですから,

$$\Delta I_B = \frac{\partial I_B}{\partial V_{BE}} \cdot \Delta V_{BE}$$

となります。この式の通り,$V_{BE}$ の (微小な) 変化量と $I_B$ の (微小な) 変化量は比例しますから,例えば図 3.2 のように,点 P の電圧を中心とする正弦波の電圧を $V_{BE}$ に加えると,それに応じて流れる電流 $I_B$ は,やはり点 P を中心とする正弦波の電流,と近似することができます。電圧や電流の値そのものではなく,ある点を中心とする変化分のみ注目すると,その量が比例する (線形となる) ことに注目してください。この点 P のように,注目している電圧や電流の変化の中心のことを**動作点**と呼びます。

　この変化の中心である動作点と,実際の電圧・電流の関係は,図 3.3 のようなグラフで考えるとよいでしょう。つまり時間とともに変化する信号は横軸を時間 $t$ としたグラフで描くと,そのグラフの変化の中心がどこかにありますから,その中心 (動作点) と,そこを中心に上下に振れる成分 (変化量) に分けられる,ということです。

第 3 講　信号とトランジスタ回路の振る舞い

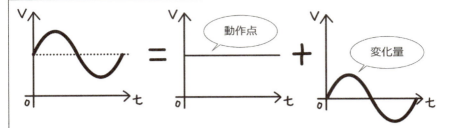

**図 3.3** 実際の電圧波形と動作点，変化量の関係

### 演習 3.1

図 3.2 の $V_{BE} - I_B$ 特性の概略グラフを描き，そこに適当な動作点を設定して，与える $V_{BE}$ と流れる $I_B$ との関係を求めてみましょう。

## 3.2　トランジスタの小信号等価回路

この考え方を，前の講で見た，なかなか手強そうだった $V_{CE} - I_C$ 特性にも使ってみましょう。トランジスタの $I_C$ は，$V_{CE}$ で変わりますが，$I_B$ でも変わります。$I_B$ は $V_{BE}$ から決まりますから，結局 $I_C$ の値は，$V_{BE}$ と $V_{CE}$ で決まることになります。つまり $I_C$ は $V_{BE}$ と $V_{CE}$ の関数ということになりますから，仮に次のように書いてみましょう。

$$I_C = f(V_{BE}, V_{CE})$$

この関数 $f$ の具体的な式やグラフは複雑なので考えないことにします。ここで先ほど同じく，電圧や電流の変化量だけを考えてみましょう。もちろん変化量を考える上では，その変化の中心である動作点を決めなければいけませんが，まずは動作点が「うまいところ」に設定されている，と考えることにしましょう。その上で，この式を 2 つの変数 $V_{BE}$，$V_{CE}$ の全微分の形で書くと

$$\Delta I_C = \frac{\partial I_C}{\partial V_{BE}} \Delta V_{BE} + \frac{\partial I_C}{\partial V_{CE}} \Delta V_{CE}$$

となります。つまり $I_C$ の変化量である $\Delta I_C$ は，$V_{BE}$ の変化量 $\Delta V_{BE}$ と $V_{CE}$ の変化量 $\Delta V_{CE}$ の両方の線形和となります。それらの係数である $\partial I_C / \partial V_{BE}$ と $\partial I_C / \partial V_{CE}$ は，トランジスタの特性（関数 $f$）と動作点から決まるはずなので，これらを定数とみなし，次のように文字でおきます。

$$\frac{\partial I_\mathrm{C}}{\partial V_\mathrm{BE}} = g_\mathrm{m}$$

$$\frac{\partial I_\mathrm{C}}{\partial V_\mathrm{CE}} = \frac{1}{r_\mathrm{o}}$$

今後は「変化量」がよく出てきて毎回 $\Delta$ をつけるのも面倒なので，交流のときと同じように**変化量のことは小文字で書く**というルールにしましょう。つまり $i_\mathrm{c}$ と書いたら $I_\mathrm{C}$ の変化量，つまり $\Delta I_\mathrm{C}$ のこと，ということです。すると，トランジスタの（動作点のまわりの）$I_\mathrm{C}$ の変化量 $i_\mathrm{c}$ は，

$$i_\mathrm{c} = g_\mathrm{m} v_\mathrm{be} + \frac{1}{r_\mathrm{o}} v_\mathrm{ce}$$

と書くことができます。しつこいようですが，これは電圧や電流の値そのものではなく，（動作点を中心とする微小な）変化量であることに注意してください。ところで図 3.4 のような回路を考えると，この回路の $i_\mathrm{c}$ と $v_\mathrm{be}$, $v_\mathrm{ce}$ の関係は先ほどの式と全

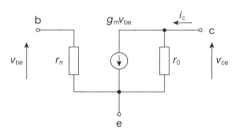

**図 3.4**　トランジスタの小信号等価回路

く同じになります（$i_\mathrm{c}$ が，電流源（$g_\mathrm{m} v_\mathrm{be}$）と $r_\mathrm{o}$ に流れる電流の和，と考えればよい）。つまりトランジスタの（動作点を中心とする微小な）変化量に対する振る舞いは，図 3.4 の回路と等価とみなすことができます。そこでこの回路を**トランジスタの小信号等価回路**と呼ぶことにしましょう。なぜこの回路になるのか？ではなく，外から加える電圧や電流（の変化量）を見る限り，トランジスタの振る舞いは，この回路と等価なので，この回路で考えても OK，と理解してください。なおこの中の $r_\pi$ は，この特性式には直接現れませんが，B に流れる電流 $I_\mathrm{B}$ の変化量である $i_\mathrm{b}$ と $v_\mathrm{be}$ との比として定義されます（$r_\pi = v_\mathrm{be}/i_\mathrm{b}$）。

　しつこいようですが，この小信号等価回路に出てくる電圧や電流は，電圧や電流の値そのものではなく，（動作点を中心とする微小な）変化量であることに注意してください。したがって等価回路の中に出てくる抵抗も，普通の抵抗ではなく，変化分に対する抵抗（**微分抵抗**と呼ぶ）ということになります。このことは，つい忘れがちなので，小信号等価回路を使うときは変化量

第 3 講　信号とトランジスタ回路の振る舞い

を扱っているということを，図 3.2 のグラフを念頭において，くれぐれも忘れないでください。なお $g_m$ を**相互コンダクタンス**，$r_o$ を**出力抵抗**，$r_\pi$ を**入力抵抗**と呼びます。

### 演習 3.2
図 3.4 の小信号等価回路が正しいことを確認しましょう。

## 3.3 トランジスタの小信号等価回路のパラメータ間の関係

さてトランジスタの小信号等価回路に出てくる相互コンダクタンス $g_m$ や出力抵抗 $r_o$ は，どのように求めればよいのでしょうか。それらの手がかりの関係を探ってみましょう。以下の式変形自体は覚える必要はないと思いますが，ぜひ一度は自分の手で計算してみるとよいと思います。

まずトランジスタの B と E の間はダイオードと同じで，また $I_C$ と $I_B$ は比例しますから，$V_{BE}$ と $I_C$ の関係は，ダイオードの電圧と電流の関係式を使うと，

$$I_C \fallingdotseq \beta I_S \left\{ \exp\left(\frac{V_{BE}}{nV_T}\right) - 1 \right\} \fallingdotseq \beta I_S \exp\left(\frac{V_{BE}}{nV_T}\right)$$

と書くことができます。この式変形の後半では，指数関数 exp の項が十分大きいので，1 を無視しています。この式は，自然対数 ln ($\log_e$ のこと) を使って，

$$V_{BE} = nV_T \ln\left(\frac{I_C}{\beta I_S}\right)$$

と書くことができます。この式の両辺を $I_C$ で微分すると，$I_S$ は定数ですから，

$$\frac{\partial V_{BE}}{\partial I_C} = \frac{V_T}{I_C}$$

となります。$g_m = \partial I_C / \partial V_{BE}$ でしたから，この左辺は，$1/g_m$ そのものですから，

$$g_m = \frac{I_C}{V_T}$$

となり，$g_m$ の値は $I_C$ に比例することがわかります。ここで，この式の $I_C$ は大文字であることに注意しておきましょう。つまり動作点である $I_C$ の値 ($I_C$ の変化の中心) によって，$g_m$ は決まり，$I_C$ が大きいほど $g_m$ も大きくなることになります。

次に入力抵抗 $r_\pi$ は $V_{BE}$ の変化量と $I_B$ の変化量の比ですから，

$$r_\pi = \frac{\partial V_{BE}}{\partial I_B}$$

であるわけですが，さきほどの結果に $I_C = \beta I_B$ を使うと，

$$V_{BE} = nV_T \ln\left(\frac{I_C}{\beta I_S}\right) = nV_T \ln\left(\frac{I_B}{I_S}\right)$$

となりますので，これを $r_\pi$ の定義式に代入すると，

$$r_\pi = \frac{\partial V_{BE}}{\partial I_B} = \frac{V_T}{I_B} = \left(\frac{nV_T}{I_C}\right)\beta = \frac{\beta}{g_m}$$

となり，$r_\pi$ と $g_m$ は反比例する関係であることがわかります。

最後に出力抵抗 $r_o$ は，小信号等価回路をみると $v_{ce}$ と $i_c$ との比，つまり $\partial V_{CE}/\partial I_C$ ですが，前の講の最後に出てきたアーリー電圧 $V_A = |I_C/(\partial I_C/\partial V_{CE})|$ を使うと，

$$r_o = \frac{V_A}{I_C} = \frac{V_A}{V_T \cdot g_m}$$

となり，やはり $g_m$ に反比例することがわかります。

このように小信号等価回路のパラメータである $r_\pi$, $g_m$, $r_o$ は互いに関係があり，しかも動作点 ($I_C$ の実際の値) によって決まるということを，ぜひ感覚的に理解できるようになってください。

ところで $V_T = kT/q$ で，$k$ はボルツマン定数，$q$ は電気素量という物理定数ですから，温度 $T$ で決まります。常温 (27℃ = 300 K) での $V_T$ は 26 mV となることが求められます。ちなみに $1/V_T = 38.5\ [\mathrm{V}^{-1}]$ となります。特に覚えておくべき値ではありませんが，問題を解いていくうちに覚えてしまうかと思います。

### 演習 3.3

$\beta = 200$, $V_A = 150\ \mathrm{V}$ のトランジスタを $I_C = 1\ \mathrm{mA}$ を動作点として用いるときの $r_\pi$, $g_m$, $r_o$ を求めてみましょう。ただし $1/V_T = 38.5\ [\mathrm{V}^{-1}]$ とします。

## 3.4 動作点の求め方

トランジスタの小信号等価回路では，信号の変化の中心である動作点が，ちょうどよい値に設定されていることを仮定していました。ではこの「ちょ

うどよい」とはどういうことなのか
を考えてみましょう。

図 3.5 のような $V_{BE}-I_B$ 特性のグラフで，試しに P の位置に動作点を設定してみたとします。そしてここを中心として $V_{BE}$ を変化させてみると，この図中のような範囲で $V_{BE}$ が変化します。そしてそれに対応して流れる $I_B$ も，この図中のような範囲で変

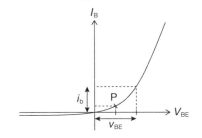

**図 3.5** トランジスタの $V_{BE}-I_B$ 特性と動作点がやや低めの場合

化することになり，$I_B$ の変化量も求められます。しかし $V_{BE}$ と $I_B$ の変化の範囲内での対応関係をみると，$V_{BE}$ が動作点よりも左側に振れても，$I_B$ はほとんど変化をしません。$V_{BE}$ と $I_B$ の変化を時間軸のグラフとして描いてみると図 3.6 のようになるわけで，これでは $I_B$ の変化量 $i_b$ が，$V_{BE}$ の変化量 $v_{be}$ に比例している，とは言えません。このように与える波形と出てくる波形が異なる現象を「歪み」と呼びます。これは，音声信号ではまさしく「歪んだ音」として聞こえるもので，通常の回路の動作としては正しいものではありません（ギターエフェクタのディストーションのように意図的に波形を歪ませる場合もあります）。

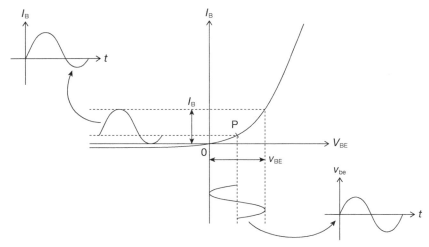

**図 3.6** 図 3.5 の動作点で得られる $V_{BE}$ と $I_B$ の時間変化波形

もっと極端な場合で図3.7のように動作点を$V_{BE}$が負のところにおいてしまうと，$V_{BE}$が変化しても$I_B$は常に0となりますから，歪んでいるどころか，出力が全く得られない，ことになってしまいます。

　以上のように，トランジスタ回路を，小信号等価回路を使って扱うためには，正しい動作点がとても大切です。そしてその動作点は，図3.8のように，グラフの変化がなるべく線形な（直線に近いまっすぐな）部分を狙って設定するべきです。

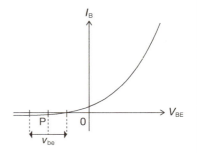

**図 3.7**　トランジスタの$V_{BE}$–$I_B$特性と動作点が低すぎる場合

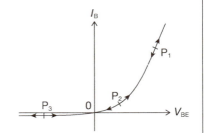

**図 3.8**　適切な動作点$P_1$と，適切でない動作点$P_2$，$P_3$の例

どんなグラフでも拡大すれば直線に見える

第3講　信号とトランジスタ回路の振る舞い

# 第4講 トランジスタの増幅回路と小信号等価回路

この講では，前の講で出てきた小信号等価回路を，実際のトランジスタ回路の解析に使ってみましょう．

## 4.1 エミッタ接地増幅回路

トランジスタの小信号等価回路とその式からは，トランジスタは，電圧 ($V_{BE}$, $V_{CE}$) の変化を電流 ($I_C$) の変化として取り出す素子，と理解することができます．つまり入力が電圧，出力が電流，であるわけですが，実際に電子回路を使う場面では，出力も電圧（の変化）として得られる方が便利な場合が多くあります．例えばマイクで拾った音声を増幅してスピーカを鳴らすアンプでは，入力信号はマイクからの電圧変化で，出力信号もスピーカを駆動する電圧変化です．

電流を電圧に変える一番簡単な方法は抵抗を使うことです．つまりトランジスタから得られた電流（の変化）を抵抗に流せば，その両端の電圧（の変化）はトランジスタからの電流（の変化）に比例します．まさしくオームの法則ですね．そこで図 4.1 のような回路を考えてみます．トランジスタのBに入力信号を電圧変化として与えますが，その電圧変化の中心は，動作点が適切となるように $V_{BIAS}$ だけ上にあげています．このように適切な動作点となるように入力信号の変化の中心を少し上げる分をバイアス (bias) 電圧と呼びます．

そしてトランジスタのCには抵抗 $R_L$ がつながっています．この回路では，トランジスタのE（エミッタ）が 0 V（接地，グランド (GND)）につながっていますので，この回路を**エミッタ接地増幅回路**と呼びます．このCに現れる電圧（の変化分）を出力信号として，これを求めてみましょう．

ここで早速，トランジスタの小信号等価回路を使ってみましょう．これはトランジスタが，電圧や電流の変化分に対してどのように振る舞うかを表す回路でしたが，いまはこの

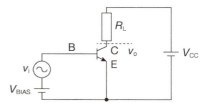

**図 4.1** エミッタ接地増幅回路

回路で，適切な動作点が設定されていると仮定して，入力や出力の電圧や電流の変化分のみを考えようとしているわけですから，まさにうってつけです。まず図4.2のようにトランジスタの部分を小信号等価回路に置き換えながら，入力信号も

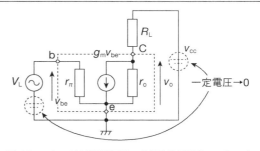

**図4.2** エミッタ接地増幅回路の小信号等価回路のつくりかた

変化分だけ考えますから，変化しない成分（$V_\mathrm{BIAS}$）は無視する，つまりゼロとみなしてしまいましょう。続いて抵抗$R_\mathrm{L}$の上側をみると，これは電源電圧$V_\mathrm{CC}$につながっています。ところがこの回路を動作させるためのエネルギー源である電源電圧$V_\mathrm{CC}$は時間とともに変化せず一定です。つまりいま着目している変化分に対してはゼロとみなすことができます。そこで（慣れるまでは大胆に思えるかもしれませんが）変化分に対しては$V_\mathrm{CC}$はゼロとして，0Vとつないでしまいます（接地）。こうして得られた回路を少し描き直すと，図4.3のようになります。ずいぶん簡単な回路になりました。

この図4.3の小信号等価回路の信号の流れをおおまかにみると，入力信号源である$v_\mathrm{i}$からの電流$i_\mathrm{i}$によって$r_\pi$に電圧$v_\mathrm{be}$が生じます。そしてその$g_\mathrm{m}$倍の電流が電流源から流れます。この電流源の先には2つの抵抗$r_\mathrm{o}$と$R_\mathrm{L}$が並列につ

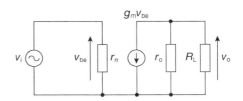

**図4.3** 最終的なエミッタ接地増幅回路の小信号等価回路

ながっていて，この両端電圧が出力電圧$v_\mathrm{o}$ということになります。

まず明らかに$v_\mathrm{i} = v_\mathrm{be}$ですので，電流源が流す電流は$g_\mathrm{m} \cdot v_\mathrm{i}$となります。

また電流源につながっている2つの抵抗$r_\mathrm{o}$，$R_\mathrm{L}$は並列接続されていますから，2つをまとめて合成抵抗として1つの抵抗とみなすことができます。その合成抵抗の値は，並列合成抵抗の公式から求められますが，慣例上，その抵抗値を$R_\mathrm{L} // r_\mathrm{o}$と書きます。この真ん中の「$//$」が，2つの抵抗の合成抵抗の値，という意味です。実際の値は並列合成抵抗の公式から

$$R_L /\!/ r_o = \frac{R_L \cdot r_o}{R_L + r_o}$$

となります。さて電流源からの電流がこの1つの合成抵抗に流れ，その抵抗の両端電圧が $v_o$ ですから，オームの法則から

$$v_o = -g_m \cdot v_i \cdot (R_L /\!/ r_o) = -g_m \cdot (R_L /\!/ r_o) \cdot v_i$$

となることになります。ここで電流が流れる向きが図 4.3 の下から上ですが，電流は電圧が高い方から低い方へ流れるので，抵抗の両端では上の方が電圧が低いことになります。$v_o$ は下側を基準とした上側の電圧と定義していますから，$v_o$ の式にマイナスがついて負となっていることに注意しておいてください（電圧の高低と電流の向きは，キルヒホッフの法則を使うときなどでも混乱しがちですが，「電圧が高いほうから低い方へ電流が流れる」という規則ですべて理解できますので，ぜひこの考え方を活用してください）。

### 演習 4.1

図 4.1 の回路で，$\beta = 100$，$V_A = 150\,\text{V}$ のトランジスタを用い，$R_L = 5\,\text{k}\Omega$，$I_C = 1\,\text{mA}$ としたときの $v_o$ と $v_i$ の関係式を求めてみましょう。ただしこの回路の動作温度における $1/V_T = 38.5\,[\text{V}^{-1}]$ とします。

## 4.2 増幅回路の特性パラメータ

第1講でみたように，電子回路を外からみると，あるいは使う立場にたってみると，その中身がどうなっているか，よりも，その回路が外からどう見えるか，のほうが重要です。つまり増幅回路を図 4.4 のように箱とみることにして，この箱にどのような電圧を加えるとどのような電流が流れるか，が重要です。そこで図 4.4 のように，入力に加える電圧を $V_i$，そこから流れ込む電流を $I_i$ とし，出力に負荷 $R_L$ をつないだときに出力側に現れる電圧 $V_o$ とそこから流れる電流 $I_o$ とおいてみて，これらの関係から，この回路がどのような特性をもっているか，を表現することにしましょう。

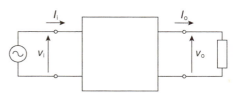

**図 4.4** 増幅回路のモデル

まず増幅回路というからには入力信号を大きくして出力するわけですから，$V_i$ と $V_o$ の比は特性の1つです。これを電圧増幅率 $A_v$ と呼びます。つまり

$$A_v = \frac{V_o}{V_i}$$

です。同様に，入力電流 $I_i$ と出力電流 $I_o$ の比を電流増幅率 $A_i$ としましょう。

$$A_i = \frac{I_o}{I_i}$$

次に，入力信号 $V_i$ を与える立場（入力信号源）から，この回路がどう見えるか，を考えてみましょう。自分が入力信号源になったつもりで，この回路を眺めてみてください。入力信号源にとっては「電圧 $V_i$ を与えたら電流 $I_i$ が流れた」ということ以外は，この増幅回路のことは何もわかりませんし，知る術もありません。そこでこの $V_i$ と $I_i$ との関係，具体的には両者の比 $V_i/I_i$ を「入力信号源にとってのこの増幅回路の特性」と考えることにしましょう。$V_i/I_i$ は抵抗（一般にはインピーダンス）の単位をもちますので，この $V_i/I_i$ を $Z_i$ とおき，これを**入力インピーダンス**と呼びます。

次に出力側からみたときの特性を考えてみます。増幅回路は入力信号に応じた出力電圧を発生させるわけですが，ここで第1講の「テブナンの定理」を思い出してください。テブナンの定理によれば，回路の中身がどうであったとしても，電圧が現れる部分は，図4.5のように電圧源 $E_o$ とそれに直列につながる抵抗（インピーダンス）$Z_o$ と等価となる，のでした。ここで実際に出力端子に現れる電圧が $V_o$，負荷に流れる電流が $I_o$ ですから，これらの関係は

$$V_o = E_o - Z_o \cdot I_o$$

となるはずです。この $Z_o$ のことを**出力インピーダンス**と呼びます。この $Z_o$ を求めるためには，この式から，増幅回路を $E_o = 0$ となる状態にして（多くの場合一番簡単なのは入力をゼロとすればそうなります），出力端子に $V_o$ を加え，そこから流れる電流 $I_o$ との比を求めればよいことになります。

「ここでテブナンの定理？」と思わ

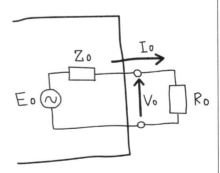

**図 4.5** テブナンの定理による増幅回路の出力部分の等価回路

第4講 トランジスタの増幅回路と小信号等価回路

れるかもしれませんが，電子回路の等価回路や入出力インピーダンスではテブナンの定理は欠かせませんので，ぜひここで結びつけておきましょう。

#### 演習 4.2
演習 4.1 の条件で，図 4.1 の回路の電圧増幅率 $A_v$，電流増幅率 $A_i$，入力インピーダンス $Z_i$ と出力インピーダンス $Z_o$ を求めてみましょう。

## 4.3 実際のエミッタ接地増幅回路

図 4.1 では動作原理を理解するためにいろいろと単純化している点があります。まず現実の電子回路では，入力信号に $V_{BIAS}$ を電圧源として加えることは，独立した電圧源（電池）を入力信号につなぐことになるため，そのような面倒なことはあまり行いません。また出力信号を「C の電圧の変化分」としていましたが，実際に電子回路の信号として現れるのは，あくまでの「C の電圧」であり，そこから変化分だけを取り出す必要があります。

そこでこれらの点を考慮して，実際のエミッタ接地増幅回路は図 4.6 のような構成をとります。まず入力側にコンデンサ $C_i$ があります。コンデンサのインピーダンスは $1/j\omega C$ でしたから，変化しない信号（$\omega = 0$）に対してはインピーダンスが無限大，つまり透過できません。一方，コンデンサ $C_i$ の右側には抵抗 $R_1$ と $R_2$ がつながっていて，電源電圧を分圧していますので，$C_i$ の右側の電圧はこの分圧で決まります。言い換えるとコンデンサ $C_i$ は，この両端の電圧差分に対応した電荷が充電された状態となります。その結果，コン

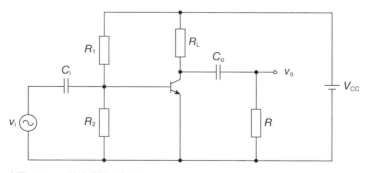

**図 4.6** 実際のエミッタ接地増幅回路の例

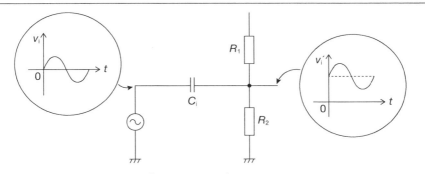

**図 4.7** 実際のエミッタ接地増幅回路における $C_i$ の役割

デンサ $C_i$ の右側では図 4.7 のように，$R_1$ と $R_2$ で分圧された点を変化の中心とする電圧変化が得られます．もちろん変化する信号成分に対する $C_i$ のインピーダンスは，信号の角周波数 $\omega$ に対して $1/j\omega C$ であってゼロではありませんので厳密には $C_i$ と $R_1$, $R_2$ によってハイパスフィルタが形成され，そのカットオフ周波数以下の信号は透過できません．しかし扱う信号の周波数に対しては $C_i$ のインピーダンスが十分低くなり透過できる（無視できる）ように $C_i$ や $R_1$, $R_2$ を設定します．

同様に出力側もトランジスタのCにコンデンサ $C_o$ を接続してあります．$C_i$ の場合と同じように，$C_o$ の右側の電圧は，そこにつなぐ抵抗（負荷）によって好きな電圧に設定できます．例えば図 4.8 のように $C_o$ の先に抵抗 $R$ のみを接続すれば，その変化の中心はゼロとなりますから，ゼロを中心として変化する出力信号が得られます．もちろんコンデンサ $C_o$ の値は，そのインピーダ

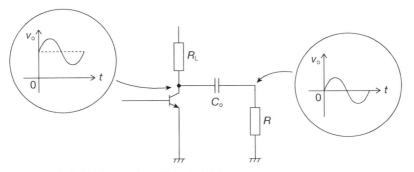

**図 4.8** 出力側に負荷抵抗 $R$ をつないだ場合の出力波形

第 4 講　トランジスタの増幅回路と小信号等価回路

ンスが信号周波数に対して十分低くなるように設定します。

### 演習 4.3

$C_i = 10\ \mu\mathrm{F}$，信号周波数 $f = 1\ \mathrm{kHz}$ として，この信号に対する $C_i$ のインピーダンスを求めてみましょう。また $R_1$ と $R_2$ をどの程度の値とすればよいか考えてみましょう。

## 4.4 エミッタ抵抗のあるエミッタ接地増幅回路

実は 4.1 でみてきたエミッタ接地回路は，実際にはほとんど用いられません。それなのにわざわざ見てきたのは，それを題材として小信号等価回路の扱い方に慣れてもらうためでした。なぜこの回路が実際にはほとんど用いられないかというと，動作点の設定が難しく，安定して正しく増幅回路として動作させるのがほとんど不可能であるためです。そこで実際にも用いられる，改良型ともいえる回路をみていきましょう。

図 4.9 のような回路を考えてみます。これは図 4.1 の回路と比べるとトランジスタのエミッタ側に抵抗 $R_E$ が入っているだけですが，この $R_E$ が実は重要な働きをし，そのおかげで安定して動作します。それをみていきましょう。といっても正攻法は，やはり小信号等価回路です。この図 4.9 の回路の小信号等価回路を，図 4.1 のときと同じように描いてみると，図 4.10 のようになります。ちょっと複雑そうにみえますが，図中の電圧や電流の関係を順に式にしていくと，次のようになります。

$$v_i = v_{be} + v_e$$
$$v_e = g_m v_{be} R_E$$
$$v_o = -g_m v_{be} R_L$$

ここで，$r_\pi$ を流れる電流（ベース電

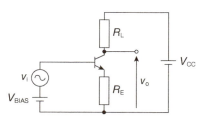

図 4.9 エミッタ抵抗のあるエミッタ接地増幅回路

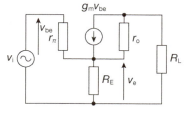

図 4.10 エミッタ抵抗のあるエミッタ接地増幅回路の小信号等価回路

流) は十分小さいとして無視し，また $r_\mathrm{o}$ が十分大きいとしてここを流れる電流を無視し，電流源の電流がすべて $R_\mathrm{E}$ と $R_\mathrm{L}$ に流れると近似をしています。これらを解くと，

$$v_\mathrm{o} = -\frac{g_\mathrm{m} R_\mathrm{L}}{1 + g_\mathrm{m} R_\mathrm{E}} v_\mathrm{i}$$

となります。一般に $R_\mathrm{E}$ は数 kΩ で，$g_\mathrm{m}$ の値として例えば演習 3.3 で求めた値を使うと，$g_\mathrm{m} R_\mathrm{E}$ は 1 よりも十分大きく，この式の分母の 1 は無視できます。その結果，

$$v_\mathrm{o} = -\frac{R_\mathrm{L}}{R_\mathrm{E}} v_\mathrm{i}$$

となり，増幅率がトランジスタの特性に依存せず，回路を構成する抵抗の比によってのみ決まることになります。つまり増幅回路の特性が，トランジスタ自体の特性である $g_\mathrm{m}$ などに依存しないことになり，トランジスタ自体の特性のばらつきや，温度や動作点の変化が起こっても，増幅回路の特性があまり変化せずに安定である，ということができます。

ちなみにこの特性の安定化のメカニズムは負帰還と呼ばれるもので，詳しくは第 14 講でみていきますが，直感的には次のように理解できるかと思います。まず何らかの要因（例えば温度上昇）でエミッタ電流が増えたとします。すると $R_\mathrm{E}$ の電圧が増えるため，トランジスタの E の電圧が上昇します。その結果，入力信号に対応する B の電圧が変わらなければ，B-E 間の電圧 $V_\mathrm{BE}$ が減少します。そのため $I_\mathrm{B}$ が減少し，それに比例するエミッタ電流が減少します。結果としてみると，エミッタ電流の増加が原因となってエミッタ電流の減少を引き起こすことになるため，エミッタ電流の増加が抑えられ，所望の電流値で安定することになります。

「風が吹くと桶屋が儲かる」という，一見関係なさそうな事柄でも原因と結果がつながっている，という小話がありますが（ぜひ調べてみてください），一見関係なさそうなエミッタ電流の増加が，巡り巡ってエミッタ電流の抑制につながっているわけです。

## 4.5 エミッタフォロア

もう 1 つ，トランジスタを使った増幅回路をみておきましょう。図 4.1 や図 4.9 のエミッタ接地回路とよく似ていますが，コレクタ（C）が直接電源電

圧 $V_{CC}$ に接続されています。電源電圧 $V_{CC}$ は，変化分としてはゼロでしたから，小信号等価回路としてはコレクタ（C）はゼロ，つまり接地されていることになりますので，この回路を「コレクタ接地回路」または名称の由来は後述しますが**エミッタフォロア**と呼びます。

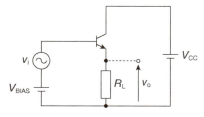

**図 4.11**　エミッタフォロア（コレクタ接地回路）

このエミッタフォロアの小信号等価回路を，先のエミッタ接地増幅回路のときと同じように描いてみると図 4.12 のようになります。ここまで小信号等価回路を解いてきたみなさんならば，もうこの回路を解くことはできるはずですので，その過程は演習問題としておきましょう。

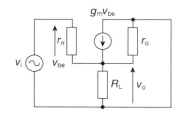

**図 4.12**　エミッタフォロアの小信号等価回路

### 演習 4.4

図 4.12 のエミッタフォロアの小信号等価回路を求め，電圧増幅率 $A_v$，電流増幅率 $A_i$，入力インピーダンス $Z_i$，出力インピーダンス $Z_o$ を求めてみましょう。

### 演習 4.5

図 4.11 のエミッタフォロアで，トランジスタの $\beta = 100$，$R_L = 10\,\Omega$ の場合の入力インピーダンス $Z_i$ と出力インピーダンス $Z_o$ を求めてみましょう。

答えを先に書いてしまいますが，エミッタフォロアの電圧増幅率は

$$A_v = \frac{g_m R_L}{1 + g_m R_L}$$

となります。ところが $g_m R_L$ は 1 よりも大きいので，この $A_v$ はほぼ 1 となります。つまり電圧増幅率が 1 ということで，出力電圧 $v_o$ は入力信号 $v_i$ とほぼ同じ，ということになります。そのため，エミッタの電圧が入力に追従（follow）する回路，という意味でエミッタフォロア（emitter follower）と呼ばれます。

入力と出力が同じならば，この回路はなくてもいいのでは？という気がしてしまいます。ところが演習 4.5 で求めてもらうとわかるのですが，エミッタフォロアの入力インピーダンス $Z_i$ は 1 kΩ 以上と，比較的大きな値となります。また出力インピーダンス $Z_o$ は 1 Ω 以下と，非常に小さな値となります。

入力インピーダンス $Z_i$ と出力インピーダンス $Z_o$ がどう効くかを図 4.13 (a) のように信号源からエミッタフォロアを通して，10 Ω の負荷 $R_L$ に電流を流す場合を考えてみましょう。ここで信号源にも出力インピーダンス $Z$ があり，これが 100 Ω 程度の大きな値であると仮定してみます。つまり図 4.13 (b) のように信号源に直接負荷 $R_L$ をつなぐと，実際に負荷 $R_L$ に加わる電圧は $Z$ と $R_L$ との分圧ですから $Z$ が $R_L$ の 10 倍程度であることを考えると，1/10 程度の非常に小さな電圧となってしまいます。つまり信号源はとても非力で，負荷 $R_L$ に十分な電流を流せない（電圧が低い）ことになります。

ところが図 4.13 (a) のようにエミッタフォロアを間にはさんでみると，信号源にとっての電流を流す対象である負荷はエミッタフォロアの入力インピーダンス $Z_i$ です。$Z_i$ は 1 kΩ 程度で，信号源の出力インピーダンス $Z$ よりも十分大きいので，負荷であるエミッタフォロアには信号源が出そうとしている電圧がほぼそのまま与えられます。信号源が非力でも，駆動する相手があまり電流を必要としないので，十分な電圧の信号を供給できるわけです。

一方，エミッタフォロアの出力インピーダンス $Z_o$ は 1 Ω 程度で，電流を流す相手である負荷 $R_L$ の 10 Ω よりも十分小さな値です。そのため負荷 $R_L$ に加わる電圧は，エミッタフォロアの出力とほぼ同じとなります。エミッタフォロアの入力電圧と出力電圧はほぼ同じでしたから，結果として負荷に加わる電圧は，信号源が与えようとしている電圧とほぼ同じということになります。このようにエミッタフォロアは，電圧増幅はほぼ 1 ですが，非力な信

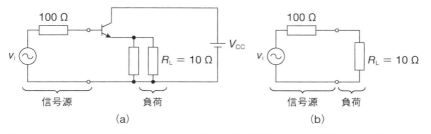

**図 4.13** エミッタフォロアの使い方（バッファ回路）(a) と信号源を直接負荷に接続した場合 (b)

第 4 講　トランジスタの増幅回路と小信号等価回路

号源が負荷を十分駆動できる電流を流せるような，両者の影響を弱くする緩衝材のような働きをしている，ということができます。このような働きの回路をバッファ（buffer）と呼びます。

### 演習 4.6

図 4.12 の回路で，信号源の振幅を 1 V として，エミッタフォロアを用いる場合と，用いずに直接負荷を信号源に接続する場合の，負荷 $R_L$ に加わる電圧を求めてみましょう。

エミッタフォロアは、パワースーツのように体の動き（$V_i$）にあわせて、小さい力（電流）でも重い箱（$V_o$）を持ち上げられる

# 第5講 トランジスタ回路の線形化

　ここまでトランジスタの回路を，変化分に対する小信号等価回路を使って考えてきました。この講では，ちょっと違った角度から，トランジスタの回路を考えてみましょう。他の教科書にはほとんど載っていない見方ですが，「トランジスタは何者か」について，より深く理解できると思います。なおこの講の見方・考え方は文献*にある「エミッタの気持ち」に基づいています。

## 5.1　エミッタフォロアの別の見方

　エミッタフォロアはトランジスタのエミッタ側に負荷抵抗 $R_E$ がついた回路でしたが，回路としての出力はエミッタの電圧で，$R_E$ はその負荷，つまりトランジスタが電流を流す相手と見ることができます。そこでエミッタフォロアの本質として図 5.1 のようなトランジスタ単体を考えてみましょう。つまりエミッタ電圧 $V_E$ がこの回路の出力電圧です。またコレクタ電流 $I_C$ はトランジスタに対して電源などから流れてくる電流，です。またベースに加える電圧 $V_B$ を，この回路の入力としましょう。この講では，小信号等価回路のことはいったん忘れてください。ここの出てくる電圧や電流は，すべて「変化分（小文字）」ではなく，実際の電圧や電流の値（大文字），です。

　ここで，第 2 講でみてきた，トランジスタのベース B とエミッタ E の間のことを思い出すと，ここはダイオードとみなすことができます。ダイオードは，非常におおざっぱにみると「ある程度電流が流れているときには，両端の電圧は約 0.6 V でほぼ一定」というものでした。トランジスタが電子回路として働いているときには，ベースにはある程度の電流が流れているはずですから，「電子回路の中のトランジスタの $V_{BE}$ は約 0.6 V で

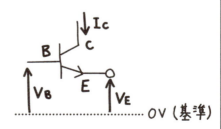

**図 5.1**　トランジスタ単体の見方

---

\*　加藤大："質実剛健！トランジスタ道一直線"，トランジスタ技術，CQ 出版（2014.8）

ほぼ一定」とみなすことができます。そんなおおざっぱな近似をしていいのか？と心配になりますが，実際この近似はほぼ成り立っていますので，安心して，その先へ進みましょう。

これを使うと，図 5.1 から，$V_B$ と $V_E$ の関係は

$$V_E = V_B - 0.6$$

となります。拍子抜けするくらい簡単な関係式ですね。

ちなみにコレクタ電流 $I_C$ は，ベースに流れる電流 $I_B$ の $\beta$ 倍でしたが，$\beta$ は 100 以上の大きな値ですから，$I_B$ は $I_C$ に比べればほとんど無視できるくらい小さな電流です。しかしいくら小さいとはいえ $I_B$ が流れていないと $I_C$ は流れず，トランジスタは動作しないわけですから，トランジスタを動作させるための必要経費，のように考えればよいでしょう。

このトランジスタのとらえ方は，図 5.2 のようなフロートバルブと呼ばれる装置で考えると理解しやすいかと思います。このフロートバルブは，トイレの貯水タンクの中にある機構で，水がたまるとそれにつれてフロート（浮き）の位置が上がり，それが指定したところまでくるとバルブが閉まって水が止まる，という働きをします。

このフロートが浮いているタンクの水位がエミッタ電位，フロートバルブ全体の位置がベース電位，給水栓からの水流がコレクタ電流，そしてタンクにたまる水の出てくる口とフロートがエミッタ（その位置がエミッタ電圧，水流がエミッタ電流）と考えてみましょう。タンクの下には穴が開いていて，水が抜けているとします。タンクの水位は徐々に下がっていきますが，バルブからの水流（エミッタ電流）で補充されますが，これが多すぎるとフロート

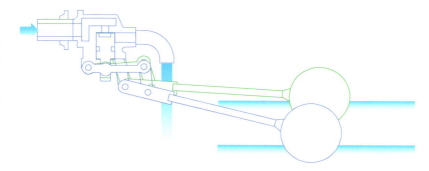

**図 5.2** フロートバルブとトランジスタとの対応

の位置が上がり，バルブからの水流が絞られるので，タンクの水位が減少します。つまりフロートが「ちょうどいいところ」で落ち着き，タンクの水位，つまりエミッタ電位が一定となります。

ここでもしフロートバルブの位置(ベース電位)を上げれば，バルブからの水流が増えてタンクの水位(エミッタ電位)が上がり，やはりバルブとフロートの位置が同じところでタンクの水位が一定となるはずです。これはエミッタ電位とベース電位の差が一定(約 0.6 V)になるというエミッタフォロアの動作そのものです。

この現象でのベースの役割は，第 2 講で紹介した「小さなベース電流で大きなエミッタ電流を制御する」というよりは，エミッタと協調してエミッタ電位を決めている，と考えるほうが自然です。この見方は，第 2 講で紹介した見方と並んで，トランジスタの本質の別の見方，と考えるとよいと思います。

この図 5.1 のトランジスタ単体のエミッタ E に負荷抵抗 $R_E$，コレクタ C に電源電圧 $V_{CC}$ を接続すると，図 5.3 のようにエミッタフォロアとなってしまいます。この $V_B$ に入力 $V_i$ を(適当な動作点のもとで)与え，$V_E$，つまり $R_E$ の両端電圧を出力 $V_o$ とみるわけですが，この両者の変化分のみを考えれば，0.6は定数なので消えて $v_e = v_b$ となり，入

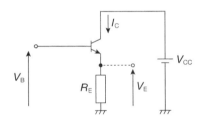

**図 5.3** エミッタフォロア(再び)

力と出力がほぼ同じ，という第 4 講でみたエミッタフォロアの特性が導かれます。しかしここでは小信号等価回路のことは忘れて，先へ進みましょう。

このエミッタフォロアを別の見方をすると，ベース電流 $I_B$ は非常に小さいので無視する(ただし必要経費なのでゼロでは困りますが)と，コレクタ電流 $I_C$ とエミッタ電流 $I_E$ は等しくなるわけですが，$I_E$ は $R_E$ を流れる電流ですから，さきほどの $V_E = V_B - 0.6$ という関係式を使うと，

$$I_C = I_E = \frac{V_E}{R_E} = \frac{V_B - 0.6}{R_E}$$

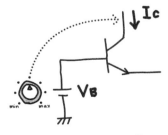

**図 5.4** 電圧 $V_B$ で電流 $I_C$ を調整する

第 5 講　トランジスタ回路の線形化

となります。ただ式変形をしただけではありますが、この式をみると、コレクタに流れる電流 $I_\mathrm{C}$ が $V_\mathrm{B}$ によって決められる、つまり流す電流の大きさを $V_\mathrm{B}$ という電圧によって制御できる、と解釈することができます。つまり図 5.4 のように、電圧 $V_\mathrm{B}$ にツマミがついていて、それをまわすと電流 $I_\mathrm{C}$ の大きさを調節できる、ツマミつき電流源（電圧制御電流源）のようなもの、と考えることができます。

## 5.2　エミッタ接地増幅回路の別の見方

同じような調子で、エミッタ抵抗つきのエミッタ接地増幅回路を考えてみましょう。といってもトランジスタ単体の働き・見方は、図 5.1 と同じです。つまり

$$I_\mathrm{C} = I_\mathrm{E} = \frac{V_\mathrm{E}}{R_\mathrm{E}} = \frac{V_\mathrm{B} - 0.6}{R_\mathrm{E}}$$

が成り立ちます。そしてこの電流 $I_\mathrm{C}$ が抵抗 $R_\mathrm{C}$ を流れていますが、「そこに流す電流 $I_\mathrm{C}$ の大きさが $V_\mathrm{B}$ で調節できる」ことがポイントです。つまり $R_\mathrm{C}$ は抵抗でなくても同じように電流が流れて、例えば LED やダイオードのような非線形な特性をもつ素子であっても、$V_\mathrm{B}$ で決まる目標の電流を流すことができるわけです。

ちなみに図 5.5 のエミッタ接地増幅回路では、$R_\mathrm{C}$ の両端電圧を出力電圧 $V_\mathrm{R}$ と考えると、$V_\mathrm{R} = I_\mathrm{C} \cdot R_\mathrm{C}$ ですから、

$$V_\mathrm{R} = \frac{R_C}{R_\mathrm{E}} \cdot (V_\mathrm{B} - 0.6)$$

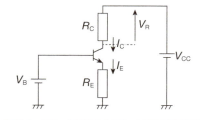

**図 5.5**　エミッタ抵抗つきエミッタ接地増幅回路

となります。$V_\mathrm{B}$ を入力電圧と考えれば、「入力電圧（から 0.6 V を引いたもの）を $(R_\mathrm{C}/R_\mathrm{E})$ 倍に増幅する回路」とみることができます。これは第 4 講で小信号等価回路を用いて導いた結果と、マイナスがつくこと以外は同じです。これは第 4 講のエミッタ接地増幅回路では、コレクタの電圧 $V_\mathrm{C}$ を出力としていましたが、図 5.4 では $V_\mathrm{C} = V_\mathrm{CC} - V_\mathrm{R}$ という関係があり、$V_\mathrm{CC}$ は定数ですから、変化分のみを考えれば同じ結果、となります。

### 演習 5.1

電流増幅率 $\beta = 100$，アーリー電圧 $V_A = 100\,\text{V}$ のトランジスタを，$q/kT = 38.5\,[\text{V}^{-1}]$，コレクタ電柱電流 $I_C = 1\,\text{mA}$ の動作点で使うとき，小信号等価回路における $g_m$, $r_\pi$, $r_o$ の値を求めてみましょう。

### 演習 5.2

入力インピーダンス $Z_i = 10\,\text{k}\Omega$ で電圧増幅率 $A_v = 100$ のエミッタ接地増幅回路を設計してみます。$r_\pi$ から動作点 $I_C$ を求めてみましょう。また負荷抵抗 $R_L$ の値を求めてみましょう。ただし用いるトランジスタのパラメータは演習 5.1 と同一とします。

## 5.3 $V_B - 0.6$ という半端な電圧を消すためには

ここまでみてきたトランジスタの見方は，かなりシンプルなのですが，どうしても途中に $(V_B - 0.6)$ の 0.6 V という半端な電圧値がついてしまいます。これは元をたどればトランジスタのベース－エミッタ間電圧ですから，出てくるのはしょうがないのですが，なんとかこれを消してすっきりできないものでしょうか。

そこで図 5.6 のように，エミッタフォロアのトランジスタのベースをコレクタに接続した回路を考えてみましょう。またコレクタに流す電流は，電流源によって一定の $I_{C1}$ に保たれているとします。またコレクタ C の電圧を $V_{C1}$ とします。ベースに流れる電流は無視できますから $I_{C1}$ はそのままエミッタへ流れます。つまりエミッタの電圧は $R_{E1}$ の電圧，つまり $I_{C1} \cdot R_{E1}$ となります。$V_{C1}$ はベースの電圧でもあるので，

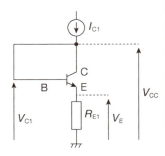

図 5.6　ベースをコレクタにつなぐ

$$V_{C1} = V_E + 0.6 = I_{C1} \cdot R_{E1} + 0.6$$

という関係になります。

この回路に，図 5.7 のように，さらにもう 1 つエミッタフォロアをつないでみましょう。右側のエミッタフォロアのベースは，左側のエミッタフォロアのコレクタにつながっています。右側のトランジスタの特性から，$I_{C2}$ は

第 5 講　トランジスタ回路の線形化

$$I_{C2} = \frac{V_{B2} - 0.6}{R_{E2}}$$

となります。しかし $V_{B2}$ は $V_{C1}$ と等しいので、まとめると

$$I_{C1} \cdot R_{E1} = I_{C2} \cdot R_{E2}$$

という関係が導かれます。2つのトランジスタで、ベース－エミッタ間の電圧 $V_{BE}$ が約 0.6 V と半端な値ですが、両者が同じ（と多くの場合でみなせる）ことから、相殺されてしまい、すっきりした式になりました。

**図 5.7** 図 5.6 の回路にもう 1 つエミッタフォアをつなぐ

この式の見方を変えると、$I_{C2}$ は

$$I_{C2} = \frac{R_{E1}}{R_{E2}} \cdot I_{C1}$$

と書けますので、$I_{C1}$ と $R_{E1}/R_{E2}$ の比で決まることになります。この $I_{C2}$ は、原理上は右側のトランジスタのコレクタの先に何が接続されているかに依存せずに一定となります。つまり $I_{C2}$ に好きな電流を流す電流源として働くことになります。第 6 講で再び詳しく見ていきますが、このように 2 つのトランジスタを使って電流源を作る回路を**カレントミラー**（current mirror）と呼びます。$R_{E1} = R_{E2}$ ならば $I_{C1} = I_{C2}$ となり、鏡で映したように同じ電流が流れることから、この名前がつきました。

この性質は、2つのトランジスタのベース電圧が同じ（つながっているので）で、かつ両者の $V_{BE}$ が 0.6 V で等しいことから、両者のエミッタ電圧が等しいことが導かれ、このエミッタ電圧は $R_{E1} \cdot I_{C1}$ と $R_{E2} \cdot I_{C2}$、と考えても導くことができます。

ツマミ（ベース電圧）で、出力電圧（エミッタ電圧）を制御する

## コラム：電子回路とエレクトロニクスと電子工作

　この本では，電子回路の勉強をしています。電子回路は，身の回りのあらゆる機器の中で働いていて，電気で動く機器で電子回路が入っていないものを探すほうが無理であるほど，社会の中の産業として必要不可欠なものとなっています。一方で，かなり昔から，「電子工作」と呼ばれる趣味の世界があり，アマチュア無線やオーディオアンプなど，ディープな世界があります。この電子回路（理論）とエレクトロニクス（産業）と電子工作（ホビー）は，以前は関係がありそうで，微妙に重なっていない時代が長かったのですが，最近，いろいろな時代と技術を背景として，これら3つが急速に近づいて，エレクトロニクスに限らずに幅広い産業構造の変換が起こっています。ここでは，「電子回路を勉強する意義」という観点で，少し俯瞰的に紹介したいと思います。

　まず電子回路は，ほとんどの場合，トランジスタと配線が一体化してシリコン結晶の中に「集積回路（LSI，いわゆる半導体チップ）」という形で作りこまれています。この集積回路の歴史は，コンピュータの歴史と表裏一体で，一言でいうと，トランジスタや配線をより小さく作ることで，コンピュータの性能があがる，という関係があり，技術はトランジスタや配線をいかに小さく作るか，を求めてきました（ムーアの法則といいます）。

　このムーアの法則に沿った技術の進歩は，コンピュータの高性能化とと

**図 5.8**　集積回路と半導体チップ

第5講　トランジスタ回路の線形化

もに，コンピュータの利用場面を広げてきた歴史があります。これは，ある機能を実現するのに必要な集積回路チップが小さくて済むため，より安価になってお手軽に使えるようになった，ということです。例えば図5.9は，電子工

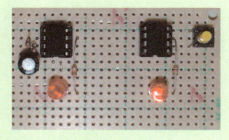

図 5.9　「L チカ」のパラダイムシフト

作の最初の一歩としてよく使われる，LED を点滅するもの（LED チカチカ = L チカ）を電子回路を 2 つの方法で作った例です。この左側は，コンデンサの充放電時間を使った方法で，古典的な方法です。右側は，見かけ上は黒い IC が 1 個あるという点は同じですが，この IC は小さなコンピュータ（マイコン）で，この中では，LED を点灯して少し待って消灯して少し待つ，という動作を無限ループするプログラムが実行されています。しかもこのコンピュータは，一昔前のパソコン並みの性能があるのですが，50 円くらいで買えます。「コンピュータで，たった 1 個の LED を点滅させるだけなんて，そんなもったいない」という気もするかもしれませんが，サイズ，コスト，機能（仕様変更など）のあらゆる点で「コンピュータを使った L チカ」は，もったいなくない，現実的な方法といえます。これは，ムーアの法則のコンピュータの低価格化が，L チカの概念（パラダイム）を変えた，とみることができます。

　さてこの本では，みなさんは電子回路について勉強しているわけですが，理論を勉強するだけだと，どうしても実感がもちにくいかと思います。例えば「100 mA の電流が流れる」といっても，電流は目で見えませんし，実感がわきません。そんなときは，ぜひ LED を秋葉原などの部品屋さんや通販で買ってきて（10 円くらいで買えます），9V の電池（006P）につないでみてください。おそらく目が眩むほどの光を放って，LED は消えてしまうと思います。これは 100 mA 以上の電流が LED に流れて，LED の中の配線が焼き切れてしまったためです。部品を買ってきて電子回路を作るたびに，このように壊していてはきりがありませんが，この

ように部品を壊す経験は、電子回路というものを、物理的実体として経験する貴重な機会になると思います。

そしてぜひ、いろいろな電子回路を、部品を買ってきて作って、動かしてみてください。ときにはうまく動かなかったり、部品を壊してしまうこともあるかと思いますが、めったにケガはしませんので、心配は無用です。幸いなことに、いろいろな電子回路を実際に作って動かすための情報は、最近は書籍やWeb上に、どれから手をつけようか迷ってしまうほど、実にたくさんあります。以前は、ホビーとしての電子回路、いわゆる電子工作は、ややマニアックな世界でした。秋葉原の部品屋さんに行っても、お客さんはそういうことに詳しそうな人ばかりでした。しかしここ数年、客層が大きく変わっています。昔の秋葉原を知っている人ほど、なかなか信じてもらえないのですが、そういう昔からいる詳しそうなお客さん以外に、明らかにそうでないお客さんが増えているのです。この本のイラストは、西餅さんの「ハルロック」というマンガに登場するキャラクターですが、これは電子工作を題材としたもので、これが最初マンガ雑誌に連載されたときには、こんなマニアックな話がマンガ雑誌に連載される時代になったのか、と驚いたものです。その第1話で、主人公が電子工作の世界に目覚めるきっかけのくだりがあるのですが、これは非常に示唆に富む話なので、ぜひ読んでみてください。

そのようなお客さんは、何を作ろうとしているのでしょうか。いろいろな要因はありそうですが、どうも決定的な転換点は、先ほどのムーアの法則によってコンピュータが身近になったことではないかと思います。その1つが、図5.10のArduino（アルドゥイーノ）というマイコンボード（http://arduino.cc）で、名前を聞いたことがある方もいるのではないかと思います。昔からの電子工作やエレクトロニ

**図 5.10** 秋葉原の部品屋さんの客層を変えたArduino

第5講　トランジスタ回路の線形化

クスに詳しい人ほど，この Arduino がもつ意義を理解しにくいのではないかと思うのですが，実に細部にわたって使いやすくするための工夫があり，「作りたいものを具現化する」ことが，本当に簡単にできるようになっています。「できる」ことと「簡単にできる」ことには，本質的な違いがあることが，実際に触ってみるとよくわかります。彼らは，このようなものを「道具」として，作りたいものを作っているわけです。これは，Maker Faire（メイカー・フェア）のような，いわゆるものづくり系のイベントに行くと，よくわかります。理系離れやものづくり離れが叫ばれて久しいですが，このようなイベントに行くと，それはどこの世界の話か？と思うほど，文系理系，老若男女を問わずに，いろいろな人が，実にいろいろなものを作っています。今までは，作りたくても道具がなかった（使い方がわからなかった）のが，ムーアの法則の恩恵としてコンピュータがもったいなくない，使いやすくまとめた道具となったことで，これらの現象が起こっている，とみることができます。これは，使う人が増えることで，書籍や Web 上の情報がさらに増えて，さらに使う人が増える，という循環となって，秋葉原の部品屋さんの客層を変えてきています。このような動きは，単にホビーにとどまらず，最近よく聞くクラウドファンディングのような資金調達の多様化と，ロングテールと呼ばれるニーズの多様化とあわせて，ハードウエアスタートアップと呼ばれる起業が続々と起こっています。

　私は 2015 年ごろに中国のシンセンに何度か行ったことがありますが，そこで見た光景は，世界中の電子部品が集まる信じられない規模の流通拠点，地平線の果てまで続くプリント基板や筐体などの製造工場，それとそれらを活用した，無数の活発な新製品開発の拠点とそれを求めて世界から集まる人たちでした。シンセンは世界の工場だけではありません。

　このような，それまでは大企業やプロしか使えなかった電子回路などの技術が，誰でも使えるような身近なものとなって道具になる，いわば「技術の民主化」とも呼ぶべき現象は，音楽や映像，さらにはイノベーションの世界でも起こっていて，旧来の産業構造を補完する，新たな産業形態が生まれつつあると考えるべきだと思います。

このような世の中の流れから，電子回路を勉強したことが単なる理論にとどまらず，動く回路として具現化して世の中にかかわっていく機会が確実に増えていきます。そしてそのような時代だからこそ，実現の裏付けとなる理論やモデルを理解していることが，より重要になっているのです。ぜひみなさんも，この本で電子回路を理論として勉強するだけでなく，部品を買ってきて動かして，それを道具として作りたいものを具現化し，世の中を変えていってくれることがあるといいな，と思います。参考になりそうな文献を紹介しておきますので，ぜひご自身で，この世の中の動きを読み取っていただきたいと思います。

(1) N. Gershenfeld："Fab － パーソナルコンピュータからパーソナルファブリケーションへ"，オライリージャパン（2012）
(2) C. アンダーソン："ロングテール"，早川書房（2009）
(3) C. アンダーソン："MAKERS － 21 世紀の産業革命が始まる"，NHK 出版（2012）
(4) M.Hatch："Maker ムーブメント宣言 － 草の根からイノベーションを生む 9 つのルール"，オライリージャパン（2014）
(5) 小川："ユーザーイノベーション"，東洋経済新報社（2013）
(6) 西餅："ハルロック（1）（2）（3）（4）"，講談社（2014）
(7) 宮下："コンテンツは民主化をめざす － 表現のためのメディア技術"，明治大学出版会（2015）
(8) 高須："メイカーズのエコシステム － 新しいモノづくりがとまらない"，インプレス R&D（2016）

# 第6講 いろいろなトランジスタ回路：カレントミラーとその周辺

前講で2つのトランジスタを使って，一方と同じ大きさの電流をもう一方に流す電流源として働くカレントミラー回路をみてきましたが，このカレントミラーについて，もう少し詳しく，いろいろな観点からみていきましょう。

## 6.1 カレントミラー（トランジスタのみ）

まずはカレントミラーの本質を理解するため，2個のトランジスタのみを使った図6.1のような回路を考えてみましょう。前の講ではエミッタに抵抗がついた回路を考えていましたが，その抵抗をゼロとした回路です。

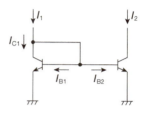

**図6.1** カレントミラー（トランジスタのみ）

この回路に流れる電流の関係を求めていくと，次のようになります。

$$I_1 = I_{C1} + I_{B1} + I_{B2}, \qquad I_2 = I_{C2}$$
$$I_{C1} = \beta I_{B1}, \qquad I_{C2} = \beta I_{B2}$$

なお2つのトランジスタは全く同じ特性をもち，おかれている温度も同じと仮定すると，2つのトランジスタの電流増幅率 $\beta$ は等しくなり，また両者のベースどうしがつながっていますからベース－エミッタ間電圧も等しいことから両者のベース電流も等しくなります（$I_{B1} = I_{B2}$）。これらの条件で $I_1$ と $I_2$ の関係を求めると，

$$I_1 = I_2 \left(1 + \frac{1}{\beta}\right)$$

となることが導かれます。ここで $\beta$ は 100 程度の大きな値をもつのでした（第2講を参照してください）。つまり $1/\beta$ は 1 よりも十分小さいので，これを無視すると，

$$I_1 = I_2$$

という関係式が導かれます。つまり2つのトランジスタに流れる電流が等しくなるわけですが，これは真ん中を軸として左右が対称，つまり鏡に映った

像のような関係となることから，電流（current）の鏡（mirror），**カレントミラー回路**と呼ばれます。

### 演習6.1
この関係式を導いてみましょう。

カレントミラーは，図6.2のように，$I_2$が流れる負荷が何であっても，そこに一定の電流$I_2$を流す回路，とみることもできます。これはまさしく「電流源」ですから，カレントミラー＝電流源，とみなせます。

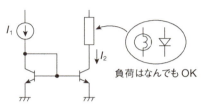

**図6.2** カレントミラーは負荷によらない電流源

## 6.2　カレントミラー（電流のコピー）

カレントミラー回路は，ただ2つの電流が同じ，ということで，あまり使い道のない回路のようにも思えるのですが，実はとても広い使い道があります。以下で順にみていきましょう。

図6.3の回路は，図6.1のカレントミラーの右側のトランジスタをもう1個増やしたような構成で，真ん中のトランジスタと右側のトランジスタのベースがつながっています。この回路に流れる電流の関係を求めてみると，適当な近似をすれば

$$I_1 = I_2 = I_3$$

となることが導かれます。

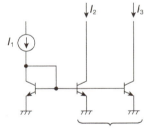

**図6.3** カレントミラーを使った複数の電流源

### 演習6.2
この関係式を導いてみましょう。

これも式だけみると，ただ同じ電流が流れているだけなのですが，オリジナルの$I_1$を用意すれば，それと同じ大きさの電流を流す電流源を複数おくこ

第6講　いろいろなトランジスタ回路：カレントミラーとその周辺

とができる，と考えることもできます。つまり図6.4のようにオリジナルの電流 $I_1$ を決めれば，それと同じ電流をいろいろな負荷に流すことができることになります。この回路の実際の使用例は，次の第7講でみていきます。

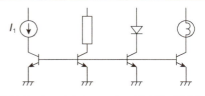

**図6.4** カレントミラーでいろいろな負荷に同じ電流を流す

## 6.3　トランジスタの型と使われ方

第2講ではトランジスタの構造として，N型-P型-P型の3層構造のものを紹介しました。これはNPN型トランジスタと呼ばれるタイプのものです。半導体にはN型とP型がありましたから，この構造のPとNを逆にした図6.5のような構造のトランジスタがあってもよさそうです。実際そのようなトランジスタはPNP型トランジスタと呼ばれていています。

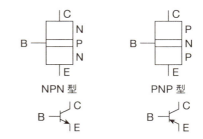

**図6.5** NPN型トランジスタとPNP型トランジスタ

トランジスタの種類が増えたら，またぜんぶやりなおしか，と気が重くなりそうですが，幸いそんな心配は不要です。N型半導体とP型半導体の違いは，その中で電流を担う電荷が負の電子か正のホールかの違い，だけでした。つまり違いは電圧を加えたときに流れる電流の向きが逆であるだけ，と考えることができます。実際，よく使われるPNP型トランジスタ2SA1015のデータシートに載っている $V_{BE}-I_B$ 特性と $V_{CE}-I_C$ 特性は図6.6のとおりで，確かにNPN型の2SC1815の特性と，電圧の符号が逆になっているだけ（つまりY軸対称）であることがわかります。

トランジスタの特性が電圧が逆になるだけなのですから，それを使った回路でも，電圧の正負を逆にしてNPNとPNPを入れ替えると，回路としての働きは全く同じになるはずです。例えば図6.7は，NPN型トランジスタとPNP型トランジスタを使ったエミッタフォロアですが，電圧が逆，つまり基準電

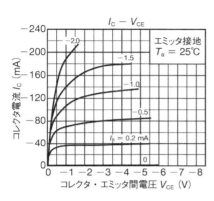
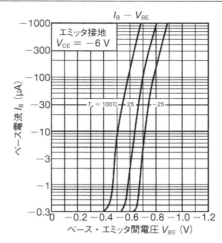

**図 6.6** PNP 型トランジスタ 2SA1015 の特性の例(㈱東芝)

位が下側か上側かの違いだけで、トランジスタと抵抗との接続関係は全く同じであることがわかります。カレントミラーでも全く同じで、図 6.8 のように PNP 型を使った構成もできます。

ではこの両者をどう使い分けるのでしょうか。それは基準となる電圧の場所です。図 6.7 で、NPN 型ではコレクタが電源電

**図 6.7** NPN 型と PNP 型のエミッタフォロア

圧（正）に、負荷抵抗の端が基準電圧（0 V）につながっていて、PNP 型ではコレクタが 0 V に、負荷抵抗の端が電源電圧（正）につながっています。ところが図 6.9 のように PNP 型の方で見方を変えて、NPN 型と同じように負荷抵抗の端を基準電圧（0 V）と考えると、コレクタがつながっている電源電圧の方が低いので電源電圧は負、と考えれば同じことです。確かに PNP 型では NPN 型と電圧の向きが逆、と考えることができます。

カレントミラーではこの違いはもう少しよくわかります。図 6.8 のカレントミラーでは、エミッタがつながっているのが、NPN では低い電位側、PNP

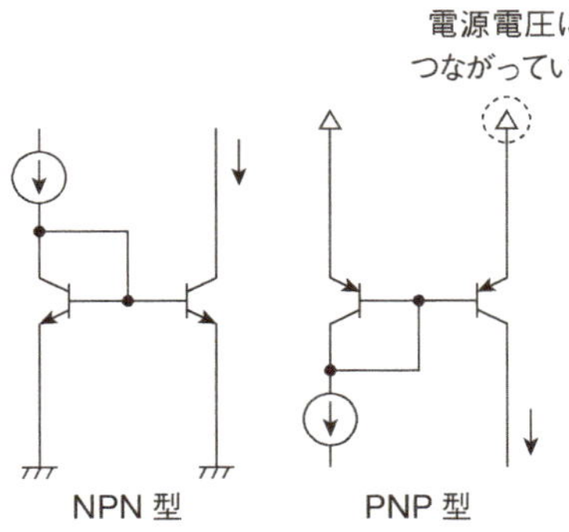

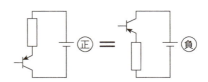

**図 6.8** NPN 型と PNP 型のカレントミラー　　**図 6.9** PNP 型回路の電源電圧の考え方

では高い電位側につながっています。つまりカレントミラーの負荷を，電位が高い側（正の電源）につなげたいときには NPN 型，電位が低い側（0 V）につなげたいときは PNP 型を使えばよい，ということになります。このように NPN 型と PNP 型は，トランジスタのつながる相手が電源電圧よりも高い側か低い側か，で使い分ければよいといえます。

## 6.4　カレントミラーとエミッタ抵抗

　第 5 講の最後に紹介したカレントミラーでは，2 つのトランジスタのエミッタに抵抗がつながっていましたが，図 6.1 のカレントミラーではつながっていません。これはどのような影響をもつのでしょうか。

　第 2 講でトランジスタ単体の特性（$V_{CE}-I_C$ 特性）をみたとき，図 6.10 のように $V_{CE}$ が上昇すると少しですが $I_C$ も増加したことを思い出してください。そのグラフを左に伸ばしていくと一点で交わり，その電圧をアーリー電圧と呼ぶのでした。このように $I_C$ がほぼ一定（傾きが緩やかな能動領域）でも $V_{CE}$ によって少し $I_C$ が変わる現象をアーリー効果と呼びますが，これはエミッタ抵抗のないカレントミラーではどのような影響があるのでしょうか。

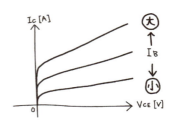

**図 6.10**　トランジスタの $V_{CE}-I_C$ 特性とアーリー効果

　図 6.11 のようにカレントミラーの

$I_2$側に負荷をつないだ状態を考えましょう。カレントミラーは電流源として働きますが、理想的な電流源は、両端の電圧に依存せずに一定の電流が流れる素子です。その出力インピーダンス$Z_o$は電圧と電流の変化の比ですから無限大ということになります（この説明は少しはしょっていますので、疑問に感じた方は、第8講で紹介している、テブナンの定理

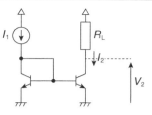

**図6.11** カレントミラーのアーリー効果と出力インピーダンス

の電流源版であるノートンの定理について先に読んでみるとよいでしょう）。

一方、図6.11のカレントミラー回路では、負荷が変わるとカレントミラーの出力電圧である$V_2$も変化します。$V_2$はトランジスタのコレクタ－エミッタ間電圧そのものですから、$V_2$が変化するとアーリー効果によってコレクタに流れる電流、つまり$I_2$も変化することになります。カレントミラーの$V_2$側を出力と考えると、$V_2$の変化に応じて$I_2$が変化するということは、その出力インピーダンス$Z_o$はそれほど大きな値ではない、つまり理想的ではないと考えることができます。

では図6.12のようにエミッタ抵抗がついているカレントミラーでは、その出力インピーダンスはどのようになるのでしょうか。同じように負荷が変わって$V_2$が変わると、トランジスタの$V_{CE}$が増えますから$I_2$が増えそうです。しかし$I_2$（コレクタ電流$I_C$）が増えると、$I_C = \beta I_B$ですからベース電流$I_B$も増えます。抵抗$R_{E2}$の電圧は$R_{E2}(I_B + I_C)$ですからこれも増えますが、これはエミッタの電圧の上昇になりますから、ベース－エミッタ間の電圧$V_{BE}$は減少します。$V_{BE}$が減れば$I_B$が減りますから、その$\beta$倍の$I_C$（$= I_2$）も減る、という、またもや「風が吹けば桶屋が儲かる」式に$I_2$の変化が抑制され、$I_2$がほぼ一定となることになります。つまり$V_2$が変化しても$I_2$がほとんど変化しない、つまり出力インピーダンス$Z_o$が大きくなって理想的な電流源に近づく、という効果があることになります。エミッタに抵抗をつなぐことで、このような抑制効果が生まれる場面がよくありますね。

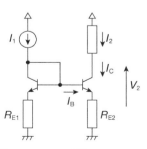

**図6.12** エミッタ抵抗つきカレントミラーの出力インピーダンス

## 6.5 カレントミラーの改良型

6.1で導いたように,カレントミラーで $I_1 = I_2$ となるのは,$\beta$ が十分大きいという近似を使っているためです。$\beta$ が100程度ということは,おおざっぱに言ってその逆数の1%程度の誤差はあり得る,ということです。そこでこの誤差を減らすためのカレントミラーの改良型がいくつか知られています。

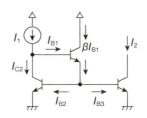

**図 6.13** ベース電流補償型カレントミラー

図6.13はトランジスタを1個追加して3個にしたベース補償型カレントミラーと呼ばれる回路です。3つのトランジスタの特性や温度が等しいとすると,すべてのトランジスタで $\beta$ は等しいと仮定できます。真ん中のトランジスタのベース電流 $I_{B1}$ がエミッタ($1+\beta$)倍されてエミッタから出てきて,それがカレントミラーを構成する2つのトランジスタのベース電流となっています。この2つのトランジスタのベース電流は等しいので半分ずつ流れるとして,図中の電流の関係式を解いていくと,

$$I_1 = \frac{\beta^2 + \beta}{\beta^2 + \beta + 1} I_2$$

が導かれます。$\beta$ は100程度ですから $\beta^2$ は10000程度となり,分母の1が相対的に無視できることから,より正確に $I_1 = I_2$ が成り立つことになります。

### 演習 6.3
この関係式を導いてみましょう。

もう1つのカレントミラーの改良型を紹介しておきましょう。図6.14はトランジスタを1個追加して3個使ったウイルソン・カレントミラーと呼ばれる回路です。3つのトランジスタの特性や温度が等しいとすると,すべてのトランジスタで $\beta$ は等しく,ベース電流も等しいと仮定できます。図中の電流の関係式を解くと,

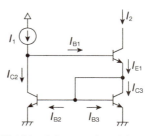

**図 6.14** ウイルソン・カレントミラー

$$I_1 = I_2$$

が導かれます。図 6.1 のカレントミラーとは違って $\beta$ が入ってこない関係式となるので，より正確にカレントがミラーされていることがわかります。

### 演習 6.4
この関係式を導いてみましょう。

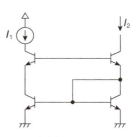

**図 6.15** 高精度ウイルソン・カレントミラー

先ほどのウイルソン・カレントミラーでは，カレントミラーを構成する 2 つのトランジスタで，右側のトランジスタでは負荷とコレクタの間にトランジスタが 1 個はさまっているため，2 つのトランジスタのコレクター エミッタ間電圧の差が出やすい，つまりアーリー効果で $I_2$ が変動しやすい，という欠点があります。それを改良したのが図 6.15 の高精度ウイルソン・カレントミラーと呼ばれる回路です。この回路では，左側のトランジスタにも負荷との間にトランジスタが 1 個はさまっているので $V_{CE}$ が等しくなり，より $I_1 = I_2$ が精度良く成り立つことがわかります。

## 6.6 カレントミラーと増幅回路

カレントミラーは電流源として働くわけですが，増幅回路と組み合わせて使うこともよくあります。

図 6.16 の回路には 3 つのトランジスタがありますが，まずはこの回路図をよく見て，見たことがある回路構成がないか，を探してみてください（このように回路図の中から，知っている要素回路を探す方法は，回路の働きを理解するのにとても有効ですので，「ウオーリーを探せ」のようにぜひ訓練してください）。

答えを書いておくと，まず上の 2 つのトランジスタがカレントミラー（PNP 型なので下側に負荷がつきます）を構成し

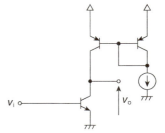

**図 6.16** 能動負荷のエミッタ接地増幅回路

ています。では残りの下のトランジスタは，というと，エミッタが接地されています。ということはエミッタ接地増幅回路か？と考えたくなりますが，エミッタ接地増幅回路では，図 4.1 のようにコレクタ側に抵抗がついていました。なんだエミッタ接地増幅回路じゃなかったのか…とがっかりしてしまいそうですが，ちょっと考えなおしてみましょう。エミッタ接地増幅回路のコレクタ側の抵抗は，負荷，つまり電流を流す相手です。電流を流す相手ということは，ここにつながるのは抵抗でなくても電流が流れれば何でもいいわけですから，電流源でもいいわけです。カレントミラーは電流源ですから，確かにトランジスタのコレクタに電流源がつながっている構成，と見ることができます。つまりこれはやはりエミッタ接地増幅回路であるわけです。負荷 ＝ 抵抗，と思い込まずに柔軟に考えるとよいでしょう。このように抵抗ではなく自分から電流を流す負荷を**能動負荷**と呼びます。

　さて図 6.16 の回路は，電流源を負荷とするエミッタ接地増幅回路であることはわかりましたが，抵抗が負荷の場合とはどのように違うのでしょうか。電流源は，両端電圧によらずに電流が一定の素子ですが，これは見方を変えると，電圧を変えても流れる電流が変化しないということですから，電圧・電流の変化量に対しては非常に大きなインピーダンスをもつ，と考えることができます（変化量に対するインピーダンスは，電圧変化÷電流変化でした）。つまり図 6.16 の回路は，エミッタ接地増幅回路の負荷が，変化分（小信号）に対しては非常に大きな値といえます。第 4 講でみたように，エミッタ接地増幅回路の電圧増幅率 $A_v$ は負荷抵抗で決まりますから，これが大きな値ということは，増幅回路としての電圧増幅率 $A_v$ も大きな値となることになります。つまり抵抗を負荷につなぐ場合よりも大きな電圧増幅率をもつ増幅回路を作ることができることになります。

　トランジスタ回路の解析の定番の小信号等価回路を使って，もう少し詳しく考えてみます。図 6.16 の回路の小信号等価回路を描くと図 6.17 のようになります。ここでカレントミラーを構成している 2 つのトランジスタのうち，エミッタ接地増幅回路につながっている左側のトランジスタのみを描いていて，しかもそのベース電圧が一定であることから小信号等価回路ではゼロであることに注意してください。つまりカレントミラー側の電流源はゼロですが，カレントミラーは電流源で一定の電流が流れますから，その変化分はゼロということですね。電流ゼロの電流源はないものと同じですからこれを消

して回路を整理して電圧増幅率 $A_v$ を求めると，

$$A_v = -g_m(r_{o1} /\!/ r_{o2})$$

となることが導かれます。$r_{o1}$ や $r_{o2}$ はトランジスタの出力抵抗で，第2講で求めたようにかなり大きな値ですから，この増幅回路の電圧増幅率も大きな値となることがわかります。ちなみに普通の抵抗負荷のエミッタ接地増幅回路でも，$R_L$ を大きくすれば電圧増幅率を大きくできそうに思

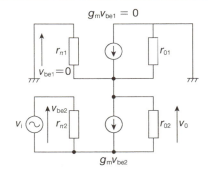

**図 6.17** 能動負荷のエミッタ接地増幅回路の小信号等価回路

えます。しかし $R_L$ を大きくするとオームの法則から $R_L$ の両端電圧も大きくなるため，電源電圧を高くしないと増幅回路として動作しないことになってしまいます。つまり現実的に $R_L$ はそれほど大きくできないため，増幅率もそこまで大きくできないわけです。その点，カレントミラーを能動負荷にしたエミッタ接地増幅回路では，カレントミラー分の電圧は任意（だって電流源ですから）ですので，このような心配は不要です。

### 演習 6.5

図 6.17 の小信号等価回路を整理し，電圧増幅率 $A_v$ を導いてみましょう。

元の姿（$I_1$）と同じ姿（$I_2$）が映るカレントミラー

第6講 いろいろなトランジスタ回路：カレントミラーとその周辺

# 第7講 差動増幅回路

　トランジスタの応用回路として，続いて差動増幅回路と呼ばれる回路を見ていきましょう。これは先の第10講で詳しく見ていく，この本の後半の本題ともいえるオペアンプと呼ばれる電子回路（電子部品ともいえる）にもつながる回路ですので，ぜひしっかり理解してください。

## 7.1　同相信号と差動信号

　差動増幅回路では，2つの信号を入力として与えますので，まずはその準備として，2つの信号の取り扱いについて理解しておきましょう。2つの信号（例えば電圧波形）を $V_1$ と $V_2$ とします。これらに対して，次の式で $V_{cm}$ と $V_d$ を定義します。

$$V_{cm} = \frac{V_1 + V_2}{2}$$

$$V_d = (V_1 - V_2)$$

つまり $V_{cm}$ は2つの信号の平均，$V_d$ は2つの信号の差です。これらは図7.1のような関係になります。

　この関係式を変形すると，次のような関係式を導くことができます。

$$V_1 = V_{cm} + \frac{V_d}{2}$$

$$V_2 = V_{cm} - \frac{V_d}{2}$$

つまり $V_{cm}$ と $V_d$ から，元の $V_1$ と $V_2$ を求める関係式というわけですが，これらは図7.1のような位置関係を考えれば，図からでも理解できるかと思います。$V_{cm}$ が $V_1$ と $V_2$ の中心，$V_d$ が $V_1$ と $V_2$ の差ですから，中心から

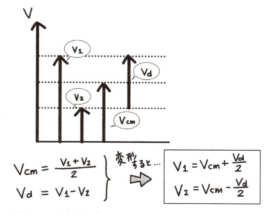

**図7.1**　同相信号と差動信号

上と下に $V_d$ の半分だけいった先が $V_1$ と $V_2$、ということです。

この $V_{cm}$ を $V_1$ と $V_2$ の「同相電圧 (common mode voltage)」、$V_d$ を $V_1$ と $V_2$ の「差動電圧 (differential voltage)」と呼びます。

#### 演習 7.1
これらの関係式を導き、図 7.1 の位置関係との関連を理解しましょう。

## 7.2 差動増幅回路とその解析

では図 7.2 のような回路を考えてみましょう。この回路を**差動増幅回路**と呼びます。なぜそのような名前がついているかは、追って解説していきます。この回路では、入力信号が $V_1$ と $V_2$ の 2 つがあり、また出力電圧も $V_{C1}$ と $V_{C2}$ の 2 つがあります。そしてこの $V_{C1}$ と $V_{C2}$ の差である $V_{OD} = V_{C1} - V_{C2}$ を「差動出力電圧」と呼ぶことにします。

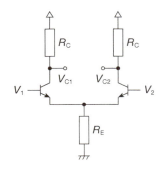

**図 7.2** 差動増幅回路

さてこの回路を、いつものように小信号等価回路で解析してもいいのですが、先ほど導入した同相電圧と差動電圧を使って解析をしてみましょう。先にオチを書いてしまいますが、これを使うととても簡単にかつ見通しよく解析ができます。

この回路への入力信号は $V_1$ と $V_2$ であるわけですが、7.1 で求めたように、$V_1$ と $V_2$ から求める同相信号 $V_{cm}$ と差動信号 $V_d$ を使って、逆に $V_1$ と $V_2$ を表すことができます。見方を変えると、この回路の入力として $V_{cm}$ と $V_d$ を与え、それから $V_1$ と $V_2$ が求まり、それらが実際に回路に加わる、という順序で考えることができます。しかも小信号等価回路は線形回路ですから、$V_{cm}$ と $V_d$ のそれぞれについての特性を求め、$V_{cm}$ と $V_d$ が同時に加わったときの特性は、それぞれに対する特性の和として求めることができます（重ね合わせの理）。

そこでまず $V_d = 0$ とし、$V_{cm}$ だけがこの回路に加わったとして、この回路がどのように振る舞うかをみていくことにします。$V_d = 0$ ですから $V_1 = V_2 = V_{cm}$ ということになり、図 7.3 左のように 2 つの入力には同じ $V_{cm}$ が与えられていることになります。いつものように 2 つのトランジスタの特性が同じ

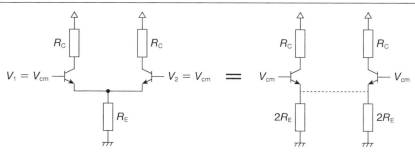

**図 7.3** 同相電圧に対する回路の状態とその分割

であると仮定すれば，両者のベース電圧などが同じである以上，流れる電流も全く同じとなるはずです。そこで図 7.3 右のように，エミッタにつながっている抵抗 $R_E$ を，2個の $2R_E$ が並列につながっている，と考えて，2つのトランジスタにそれぞれ接続して，エミッタどうしを切り離しても，両者のエミッタ電圧は等しいままのはずです。

この状態で小信号等価回路を描くと図 7.4 のようになりますが（トランジスタの出力抵抗 $r_o$ は省略しています），左右のトランジスタの回路は，入力電圧 $V_{cm}$ の加わり方や抵抗の接続なども含めて全く同じですから，図 7.4 のようにその片方だけを考えればよいことになります。これでだいぶ回路がすっきりしました。

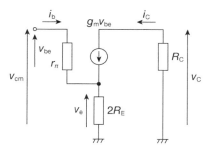

**図 7.4** 同相電圧に対する小信号等価回路とその整理

ではこの回路の出力 $v_c$ を求めてみましょう。この回路の中の電圧や電流の関係を順に求めていきます。まず $R_E$ を流れる電流は $(i_b + i_c)$ ですから，トランジスタのエミッタの電圧 $v_e$ は $v_e = 2R_E(i_b + i_c)$ となります。また $v_{cm} = v_{be} + v_e$ で，電流源の電流 $i_c$ は $i_c = g_m v_{be}$ です。$i_b = v_{be}/r_\pi$ であることを使うと，

$$v_{cm} = v_{be} + 2R_E \left( \frac{v_{be}}{r_\pi} + g_m v_{be} \right) = v_{be} \left( 1 + \frac{2R_E(1 + g_m r_\pi)}{r_\pi} \right)$$

となります。また出力電圧 $v_c$ は $R_C$ の両端電圧で，$R_C$ に流れる電流は $i_c$ ですから，電圧の正負も考えると，

$$v_\mathrm{c} = -i_\mathrm{c} R_\mathrm{C} = -g_\mathrm{m} R_\mathrm{C} v_\mathrm{be}$$

となります。この回路の出力電圧の中の同相電圧の成分を考えることにすると，2つの回路で $v_\mathrm{c}$ は等しいわけですから，出力の中の同相電圧成分は

$$\frac{v_\mathrm{c} + v_\mathrm{c}}{2} = v_\mathrm{c}$$

となります。最後にこの回路の，入力の同相電圧 $V_\mathrm{cm}$ に対する，出力の同相電圧の比率を電圧増幅率 $A_\mathrm{cm}$ と定義すれば，

$$A_\mathrm{cm} = \frac{v_\mathrm{c}}{v_\mathrm{cm}} = -\frac{g_\mathrm{m} R_\mathrm{C}}{1 + \dfrac{2R_\mathrm{E}(1 + g_\mathrm{m} r_\pi)}{r_\pi}}$$

となりますが，トランジスタの小信号等価回路のパラメータの性質から，$g_\mathrm{m} r_\pi = \beta$（電流増幅率）でしたから，これを代入すると，

$$A_\mathrm{cm} = -\frac{\beta R_\mathrm{C}}{\dfrac{\beta}{g_\mathrm{m}} + 2R_\mathrm{E}(1 + \beta)}$$

となります。しかし $\beta$ は十分大きいので，分母の $1+\beta$ を $\beta$ と近似すれば，この式の分子分母をすべて $\beta$ で割ることができて，

$$A_\mathrm{cm} = -\frac{g_\mathrm{m} R_\mathrm{C}}{1 + 2g_\mathrm{m} R_\mathrm{E}}$$

となります。この同相電圧 $v_\mathrm{cm}$ に対する電圧増幅率 $A_\mathrm{cm}$ を同相電圧増幅率と呼びます。

### 演習 7.2

小信号等価回路を描いて，これらの関係式を導いてみましょう。

以上は同相電圧のみの場合でしたので，次は逆に差動電圧のみの場合を考えましょう。同相電圧がゼロなので，$V_1 = V_\mathrm{d}/2$，$V_2 = -V_\mathrm{d}/2$ となり，両者は常に符号が逆で絶対値が等しくなります。つまりこのときの差動増幅回路は，図 7.5 のような状態となります。ここで差動電圧（の 1/2）の 2 つの電圧源の真ん中の電圧が常にゼロとなることから，基準電位（0 V）につながっているとみなしていることに注意しておきます。これの小信号等価回路は図 7.6 左のようになります。ここで 2 つのトランジスタの $v_\mathrm{be}$ は，ちょっと考えると

第 7 講　差動増幅回路

わかるのですが、両者のエミッタが共通で、ベースに加わる電圧がそれぞれ $v_\mathrm{d}/2$ と $-v_\mathrm{d}/2$ ですから、符号が逆で絶対値が等しくなります。それぞれの $v_\mathrm{be}$ の $g_\mathrm{m}$ 倍がそれぞれ電流源の電流ですから、2つの電流源が流す電流は、向きが逆で絶対値が等しいことになります。電流が流れる経路を考えると、2つの電流源どうしが電流を流しあっている状態で、キルヒホッフの電流則か

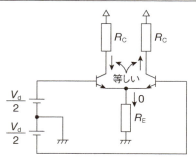

**図 7.5** 差動電圧に対する回路の状態

ら、真ん中の $R_\mathrm{E}$ に分岐する電流はゼロ、つまり $R_\mathrm{E}$ には電流が流れないことがわかります。$R_\mathrm{E}$ には電流が流れないのですから、$R_\mathrm{E}$ はあってもなくても同じことです。そこで図 7.6 右のように $R_\mathrm{E}$ を消してしまって、さらに 2 つ同じ回路がありますから、片方だけを考えることにしましょう。これでだいぶ回路がすっきりしました（同相電圧に対する場合と同じく、トランジスタの出力抵抗 $r_\mathrm{o}$ は省略しています）。

この回路の出力 $v_\mathrm{c1}$ と $v_\mathrm{c2}$ を求めるわけですが、これはよく見るとエミッタ接地増幅回路と全く同じです。まず $v_\mathrm{c1}$ は、$v_\mathrm{d}/2$ に対するエミッタ接地増幅回路の出力、と考えればよいので、

$$v_\mathrm{c1} = -g_\mathrm{m} R_\mathrm{C} \left( \frac{v_\mathrm{d}}{2} \right)$$

となります。同様に $v_\mathrm{c2}$ は、$-v_\mathrm{d}/2$ に対する出力ですから、

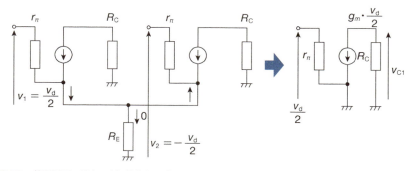

**図 7.6** 差動電圧に対する小信号等価回路とその整理

$$v_{c2} = -g_m R_C \left(-\frac{v_d}{2}\right)$$

となります。

ところでこの 2 つの電圧の差 $V_{OD} = V_{C1} - V_{C2}$ を差動出力電圧と呼ぶことにしていました。いまは小信号等価回路ですから，小文字で $v_{od} = v_{c1} - v_{c2}$ と書きますが，これを求めると，

$$v_{od} = -g_m R_C v_d$$

となります。この差動電圧 $v_d$ に対する電圧増幅率（差動電圧増幅率）$A_d$ を求めると，

$$A_d = \frac{v_{od}}{v_d} = -g_m R_C$$

となります。

### 演習 7.3

小信号等価回路を描いて，これらの関係式を導いてみましょう。

## 7.3 差動増幅回路の特性

以上で差動増幅回路の小信号等価回路解析を通して，同相電圧 $V_{cm}$ に対する同相電圧増幅率 $A_{cm}$ と，差動電圧 $V_d$ に対する差動電圧増幅率 $A_d$ が求められました。繰り返しになりますが，本来この差動増幅回路に与える入力信号は，$V_1$ と $V_2$ です。しかし以上の結果は，$V_1$ と $V_2$ に含まれる同相電圧 $V_{cm}$ と，差動電圧 $V_d$ に対して，それぞれ違う電圧増幅率をもっている，と解釈することができます。

では $V_1$ と $V_2$ に含まれる同相・差動電圧のそれぞれに対する増幅率である $A_{cm}$ と $A_d$ は，どれくらい違うのでしょうか。この $A_{cm}$ と $A_d$ の比のことを，同相除去率（Common Mode Rejection Ratio；CMRR）と呼びます。つまり

$$\text{CMRR} = \frac{A_d}{A_{cm}}$$

です。これが意味するところは，差動電圧に対する増幅率が，同相電圧に対する増幅率の何倍か，ということですが，これはもう求めることができます。つまり

$$\mathrm{CMRR} = \frac{A_\mathrm{d}}{A_\mathrm{cm}} = 1 + 2g_\mathrm{m} R_\mathrm{E}$$

$g_\mathrm{m} R_\mathrm{E}$ は（トランジスタの出力抵抗 $r_\mathrm{o}$ を省略した）エミッタ接地増幅回路の電圧増幅率と同じですから，一般には 1 より大きな値となります。つまり差動増幅回路は，一般に差動電圧増幅率 $A_\mathrm{d}$ のほうが，同相電圧増幅率 $A_\mathrm{cm}$ より大きいということになります。「差動増幅回路」という名前のとおり，2 つの入力信号 $V_1$ と $V_2$ に対して，その差（差動電圧成分）$V_\mathrm{d} = V_1 - V_2$ を大きく増幅した出力電圧が得られることになります。一方，$V_1$ と $V_2$ の同相電圧成分 $V_\mathrm{cm}$ に対しては，小さな増幅率しかもちませんから，出力電圧には同相電圧成分 $V_\mathrm{cm}$ に比例する成分は小さくなります。この CMRR は，差動電圧成分に比例する成分が，同相電圧成分に比べてどれぐらい大きいか，を表す指標といえます。理想的な差動増幅回路は，その名の通り，入力信号の差の差動電圧成分に比例する成分のみが出力されるものですから，その CMRR は無限大となります（$A_\mathrm{cm} = 0$ と考えればよい）。つまり CMRR が大きいほど，差動増幅回路としては優れた特性ということになります。

## 7.4 カレントミラーを負荷とする差動増幅回路

第 6 講で，電流源であるカレントミラーを増幅回路の負荷として使う（能動負荷）ことで，増幅率を大きくできる，という話がありました。差動増幅回路でも，この方法を使ってみましょう。カレントミラーを能動負荷とした差動増幅回路は図 7.7 のようになります。この回路では，右側のトランジスタのコレクタの電圧を出力電圧 $V_\mathrm{o}$ としています。ここでは差動電圧 $V_\mathrm{d}$ に対する特性を考えて，差動増幅率 $A_\mathrm{d}$ を求めてみましょう。同相電圧 $V_\mathrm{cm} = 0$ とすれば，先ほどと同じように考えれば，$V_1 = -V_2 = V_\mathrm{d}/2$ ですから，差動増幅回路を構成している下側の 2 つのトランジスタのベース電圧は符号が逆となり，コレクタ電流も符号が逆となるはずです。したがってこの図 7.7 のそれぞれのトランジスタを流れる電流は，$i_\mathrm{c1}$ と $i_\mathrm{c2}$ はカレントミラーですから電流は等しいので，

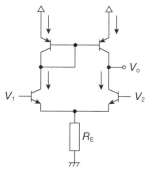

**図 7.7** カレントミラーを負荷とする差動増幅回路

$$i_{c1} = i_{c2} = i_{c3} = -i_{c4}$$

となるはずです．この図 7.7 の回路からそのまま小信号等価回路を描くと図 7.8 の上のようになります．

まず左半分についてみると，上のトランジスタのベースとコレクタとつながっていますから，この $v_{bc}$ は $v_{bc} = v_{c1}$ となり，この電流源の電流，つまり $i_{c1}$ は，$i_{c1} = g_m v_{c1}$ となります．これがこのまま下のトランジスタのコレクタに

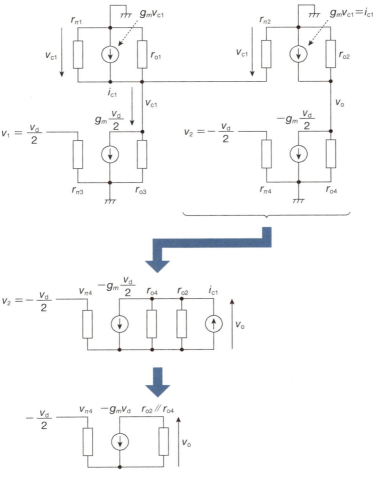

**図 7.8** カレントミラーを負荷とする差動増幅回路の小信号等価回路（右側のみ）と，それを整理したもの

流れますが，ここの電流源の電流は $g_\mathrm{m} v_\mathrm{d}/2$ です。つまり $i_\mathrm{c1} = g_\mathrm{m} v_\mathrm{d}/2$ となります。

続いて右半分についてみてみると，上のトランジスタのベースは左半分につながっていますので，この $v_\mathrm{be}$ も $v_\mathrm{be} = v_\mathrm{c1}$ となり，この電流源の電流も $i_\mathrm{c1} = g_\mathrm{m} v_\mathrm{d}/2$ となります。またその下のトランジスタの電流源の電流は $-g_\mathrm{m} v_\mathrm{d}/2$ となります。

結局出力 $v_\mathrm{o}$ に関連するのは，図 7.8 の中央のように，2 つの電流源と 2 つの抵抗となります。電流源の向きに注意しながらこれを整理すると図 7.8 の下のように，ずいぶんとすっきりとした回路になります。これから出力電圧 $v_\mathrm{o}$ は，

$$v_\mathrm{o} = g_\mathrm{m} (r_\mathrm{o2} /\!/ r_\mathrm{o4}) v_\mathrm{d}$$

となります。ここで $r_\mathrm{o2} /\!/ r_\mathrm{o4}$ は，2 つのトランジスタの出力抵抗 $r_\mathrm{o2}$, $r_\mathrm{o4}$ の並列合成抵抗です。これから差動電圧増幅率 $A_\mathrm{d}$ は，

$$A_\mathrm{d} = \frac{v_\mathrm{o}}{v_\mathrm{d}} = g_\mathrm{m} (r_\mathrm{o2} /\!/ r_\mathrm{o4})$$

となります。

第 3 講でトランジスタの出力抵抗 $r_\mathrm{o}$ は，$r_\mathrm{o} = V_\mathrm{A}/I_\mathrm{C} = V_\mathrm{A}/(V_\mathrm{T} \cdot g_\mathrm{m})$ となることがわかっていましたので，これを使ってもう少し変形してみましょう。2 つのトランジスタのコレクタ電流 $I_\mathrm{C}$ は同じですから，両者の出力抵抗 $r_\mathrm{o}$ も等しいはずです。そのため $r_\mathrm{o2}$ と $r_\mathrm{o4}$ の並列合成抵抗は $r_\mathrm{o}/2$ となりますから，

$$A_\mathrm{d} = \frac{g_\mathrm{m} r_\mathrm{o}}{2} = \frac{V_\mathrm{A}}{2V_\mathrm{T}}$$

となります。$V_\mathrm{T}$ は室温で約 26 mV，$V_\mathrm{A}$ はアーリー電圧ですからふつうのトランジスタでは 100 V 程度の値をもちます。つまり $A_\mathrm{d}$ は 1000 倍以上となることになり，非常に大きな差動電圧増幅率をもつ，優れた差動増幅回路となります。

### 演習 7.4 （発展）

図 7.7 の回路の同相電圧増幅率と CMRR を求めてみましょう。

## 7.5 差動増幅回路の使い道

この講の最後に，差動増幅回路の使い道について紹介しておきましょう。差動増幅回路は，2つの入力信号に対して，その差分のみを大きく増幅する回路でした。図 7.9 のように，ある信号を，ケーブルを通して伝送する場合を考えます。信号を伝送する経路には，さまざまなノイズ（雑音）が加わる余地があります。例

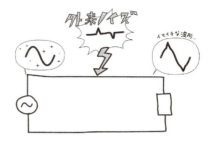

**図 7.9**　信号の伝送と外来ノイズ

えば私たちのみのまわりには交流電源線がいたるところにありますが，その 50 Hz/60 Hz の交流電圧・電流は交流電界・交流磁界を作っていて，私たちの身の回りに（見えませんし私たちは感じられませんが）存在しています。この交流電界・交流磁界が，信号を伝送しているケーブルに電磁誘導を起こし，50 Hz/60 Hz の微弱な電流・電圧を発生させます。これが伝送されている信号に雑音（ノイズ）として重なり，受信側で観測されることになります。このようなノイズをハムノイズと呼びます。受信側で観測される信号波形は，送信側から送られた信号にハムノイズが加わったものであるわけですが，残念ながらその両者を分離することはできません。つまりノイズを取り除いて，ほしい信号だけを取り出すことは，原理的にできません。

そこで考えられたのが，差動伝送という方法です。これは，信号伝送に 2 本のケーブルを使うのは同じなのですが，その 2 本に，送りたい信号 $v_s$ に対して，次のような信号 $v_1$, $v_2$ を与えます。

$$v_1 = \frac{v_s}{2}$$

$$v_2 = -\frac{v_s}{2}$$

つまりわざわざ $v_s$ を半分にし，図 7.10 のように正負が逆の信号として伝送するわけです。その伝送の途中ではハムノイズが加わってしまうわけですが，2 本のケーブルは並んでいるので，2 本にほぼ同じようにハムノイズが加わる（同相ノイズと呼ぶ）のがポイントです。ハムノイズを $v_n$ とすれば，受信

側で観測される信号 $v_1'$, $v_2'$ はそれぞれハムノイズが加わって次のようになります。

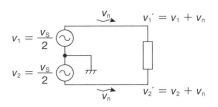

$$v_1' = v_1 + v_n = \frac{v_s}{2} + v_n$$

$$v_2' = v_2 + v_n = -\frac{v_s}{2} + v_n$$

**図 7.10** 差動信号と同相ノイズ

受信側では，受信された $v_1'$ と $v_2'$ を差動増幅回路に与えるとすると，この両者の差のみが増幅されますから，その出力 $v_o$ は次のようにハムノイズ $v_n$ はきれいに消えてしまいます。

$$v_o = A_d(v_1' - v_2') = A_d v_s$$

このように，正負逆の信号を 2 本のケーブルで伝送する方法を差動伝送と呼びます。この方法は外来ノイズに強く，高品質な高速信号伝送が可能で，実際，有線 LAN や USB，HDMI などの信号伝送は差動伝送が使われています。

差動増幅回路は，2 つの入力の引っ張り合い

# 第8講 カスコード増幅回路

この講では，トランジスタを使った増幅回路のうち，2つのトランジスタを使ったカスコード増幅回路と呼ばれる回路について，なぜその回路が重宝されるのかという背景も含めてみていきたいと思います。

## 8.1 ノートンの定理

まず以下の話を理解するうえで前提となる，ノートンの定理について見ていきます。第1講でテブナンの定理について紹介しました。これはどんな回路であっても，外から見る限り，電圧源と抵抗が直列につながっているように見える，言い換えるとそれ以上の情報を知るすべはない，というものでした。

これとペア（正しくは双対と呼ぶ）となるのがノートンの定理です。テブナンの定理が電圧源を使った等価回路であるのに対し，ノートンの定理は電流源を使った等価回路になります。図8.1のように，どのような（線形な）回路であっても，外から見る限り，電流源$I_O$と抵抗$R_O$が並列につながっているように見える，言い換えるとそれ以上の情報を知るすべはない，というのがノートンの定理です。証明は省略しますが，興味がある人は，テブナンの定理を参考にぜひチャレンジしてみてください。

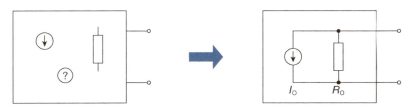

**図 8.1** ノートンの定理

この等価電流源$I_O$は，図8.2左のように，出力をショート（短絡）したときに流れる電流，として求めることができます。また$R_O$は，図8.2右のように，内部の電流源をとりはずした状態（開放）で，出力に電圧をかけたときに流れる電流の比，として求めることができます。

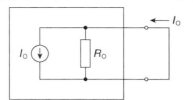
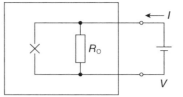

**図 8.2** ノートンの定理の $I_O$ と $R_O$ の求め方

ノートンの定理を使うと，$I_O$ と $R_O$ が求まっている状態で，図 8.3 のように，負荷 $R$ をつないだときに，その両端電圧 $V_O'$ と，そこに流れる電流 $I_O'$ は，次のように求めることができます。

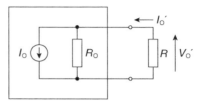

**図 8.3** ノートンの定理と負荷抵抗

$$V_O' = I_O \cdot (R_O /\!/ R)$$

$$I_O' = I_O \cdot \frac{R_O}{R_O + R}$$

電流源はいまいち苦手という方もいるかと思いますが（かくいう私もそうでした），以下の話を理解する上では必要不可欠ですので，ぜひ体感的に理解できるようにがんばってください。いくつかの手がかりを紹介しておきます。テブナンの定理では，内部抵抗 $R_O$ は，負荷に電流が流れるときに，負荷にかかる電圧が下がる原因となるものでした。つまり一般には $R_O$ は小さいほうが好ましいといえます。一方ノートンの定理では，上記の $V_O'$ と $I_O'$ からわかるように，一般に $R_O$ は大きいほうが好ましいと言えます。$R_O$ が無限大ならば，$R_O$ がつながっていないのと等価ですから，$R_O$ と $R$ の並列合成抵抗である $R_O /\!/ R$ は $R$ と一致します。つまり電流源からの電流がすべて負荷 $R$ に流れて，そこに電圧を生む，と解釈することができます。同様に $R_O$ が無限大ならば，$I_O' = I_O$ となりますから，内部の等価電流源の電流が，そのまますべて負荷に流れるわけです。また負荷をつながないときに出力端子に現れる電圧は $I_O \cdot R_O$ ですが，これは $I_O$ が一定であっても $R_O$ によって変わります。あくまでも一定の電流を流す電流源が内部にあるのが先で，それが $R_O$ に流れることで，結果として電圧が生まれる，という順序で考えるとよいでしょう。もし $R_O$ が無限大（つながっていない）ならば，電流源の両端電圧は決ま

りません。

このあたりの電流源の扱いと電圧の発生との関連は，よく整理しておいてください。

## 8.2 ベース接地増幅回路

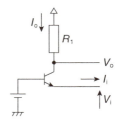

**図 8.4** ベース接地増幅回路

第4講でトランジスタを使った増幅回路として，エミッタ接地とコレクタ接地（エミッタフォロア）の2つを紹介しましたが，トランジスタのもう1つの端子であるベースを接地する「ベース接地」はないのか，といえば，もちろんあります。まずはこれについてみていきましょう。

図8.4が，そのベース接地増幅回路です。ベース（B）に一定電圧が与えられていて，これは小信号等価回路ではゼロとなりますから，これは接地といえます。この回路の入力と出力の電圧と電流を図8.4のように定義をして，いつもの調子で小信号等価回路を描くと図8.5のようになります。この回路の中の電圧電流の関係式を求めると，

$$v_{bc} = -v_i$$
$$v_o = -R_L i_o$$
$$i_o = g_m v_{BE} + \frac{v_o - v_i}{r_o}$$
$$i_i = i_o + \frac{v_{BE}}{r_\pi}$$

ちょっと計算が大変ですが，これを解くと，

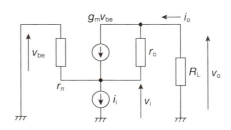

**図 8.5** ベース接地増幅回路の小信号等価回路

$$A_v = \frac{v_o}{v_i} = \frac{1 + g_m r_o}{1 + \frac{r_o}{R_L}}$$

$$A_i = \frac{i_o}{i_i} = \frac{1}{\left(1 + \frac{R_L + r_o}{1 + g_m r_o} r_\pi\right)}$$

$$Z_i = \frac{v_i}{i_i} = \frac{r_o + R_L}{1 + g_m r_o}$$

第 8 講　カスコード増幅回路　　83

$$Z_\text{o} = \frac{v_\text{o}}{i_\text{o}} = R_\text{L}$$

となります。かなりごちゃごちゃした式ですが，トランジスタの小信号等価回路のパラメータ間の関係である，$r_\pi = \beta/g_\text{m}$ と $r_\text{o} = V_A/(V_T \cdot g_\text{m})$ と $g_\text{m} = I_\text{C}/V_T$ も代入して，アーリー電圧 $V_A$ が $V_T$ よりも十分大きいという近似を使うと，

$$A_\text{i} = \frac{b}{b+1}$$

$$Z_\text{i} = \frac{1}{g_\text{m}} = \frac{V_T}{I_\text{C}}$$

となります。

#### 演習 8.1
これらの関係式を導いてみましょう。

$\beta$ はトランジスタの電流増幅率で通常は 100 以上ですから，$A_\text{i}$ はほぼ 1 となります。ベース接地増幅回路の入力インピーダンス $Z_\text{i}$ は，$V_T$ が 26 mV 程度で $I_\text{C}$ は通常数 mA ですから，$Z_\text{i}$ は数 Ω 程度と非常に小さな値となります。つまりベース接地増幅回路は，入力インピーダンスが非常に小さいので，信号源からは図 8.6 のように，入力電圧にほとんど依存せずに一定の電流が供給されることになります。つまり $Z_\text{i}$ が小さいベース接地増幅回路は，電流源にとっては負担が小さい好都合な相手ということができます。ただし入力から流したのとほぼ同じ電流が出力から出てくるため，増幅していないようにも見えるので，使い道がないようにも見えます。しかしこれは第 4 講のエミッタフォ

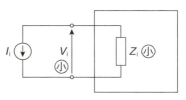

**図 8.6** 信号源を $Z_\text{i}$ が小さい回路につなぐ

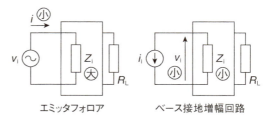

**図 8.7** 電圧源とエミッタフォロア，電流源とベース接地増幅回路の関係

ロアで，電圧増幅率が 1 なのに，入力インピーダンスが大きいことから，電圧を供給する信号源にとって負担の小さい回路，としての使い方を紹介しましたが，図 8.7 のように，ベース接地増幅回路もこれに似た状況と考えることができます。また出力インピーダンス $Z_o$ は $R_L$，つまりつながっている負荷のみですから，ノートンの定理の等価回路で考えると，ベース接地増幅回路自体の出力インピーダンスはほぼ無限大で無視できる，ということになり，こちらも負荷にとって優しいといえます。

## 8.3　ミラー効果

もう 1 つ，この講の目標のカスコード増幅回路の特徴を理解するのに必要な，ミラー効果という現象について見ておきましょう。トランジスタのベースとエミッタの間や，ベースとコレクタの間は PN 接合ですから，電気回路的にはこれはコンデンサとみなすことができます。これらは，つけようと思ったわけではないのに，勝手についてしまうコンデンサ（容量）ということで，**寄生容量**と呼び，それぞれ図 8.8 のように $C_\pi$ と $C_\mu$ とおいておきましょう。信号の周波数が高いほど，コンデンサのインピーダンスは小さくなりますから，信号の周波数が高いほど，このような寄生容量がついていることの影響は大きくなります。

このような寄生容量がついたトランジスタを使ったエミッタ接地増幅回路の特性を求めてみましょう。寄生容量 $C_\pi$, $C_\mu$ を含めた小信号等価回路は図 8.9 のようになります。なお計算の簡略化のため，$r_o$ は無限大と近似して無視しています。それぞれ，普通の小信号等価回路のベース－エミッタ間とベース－コレクタ間に寄生容量であるコンデンサをつないだものです。これを解析して電圧利得 $A_v$ を求めてみましょう。$C_\mu$ を流れる電流を $i_1$ とすると，これは $C_\mu$ の両端電圧が $(v_i - v_o)$ であ

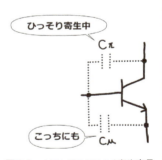

**図 8.8**　トランジスタにつく寄生容量

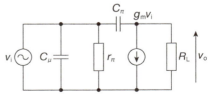

**図 8.9**　寄生容量を含めたエミッタ接地増幅回路の小信号等価回路

第 8 講　カスコード増幅回路

ることを使えば,
$$i_1 = j\omega C_\mu (v_i - v_o)$$
となります。またエミッタ接地増幅回路の特性と同じように,
$$v_o = -(g_m R_L) v_i$$
ですから, これを先ほどの式に代入すると,
$$i_1 = j\omega C_\mu (1 + g_m R_L) v_i$$
となります。入力側からは, $r_\pi$ に流れる電流に加えてこの $i_1$ が流れるわけですが, この $i_1$ は $v_i$ に比例して流れますので, 入力側からは, $r_\pi$ とは別のインピーダンス（電流を流す相手）が存在するように見えます。このインピーダンスは,
$$z_1 = \frac{v_1}{i_1} = \frac{1}{j\omega C_\mu (1 + g_m R_L)}$$
となりますが, これは $C_M = (1 + g_m R_L) C_\mu$ という容量をもつコンデンサのインピーダンスと考えることができます。つまり入力側から見ると, この $C_M$ が入力側につながっているように見える, と考えられるわけです。この $C_M$ は, 実際にベース–コレクタ間につながっている容量 $C_\mu$ の $(1 + g_m R_L)$ 倍ですが, この $g_m R_L$ はエミッタ接地増幅回路の電圧増幅率そのものです。このように, 実際につながっている容量よりも大きな容量がついているように見える, という現象を「ミラー効果 (Miller Effect)」と呼び, この $C_M$ を「ミラー容量」と呼びます。ちなみにこのミラーはカレントミラーのミラー（鏡；mirror）とは関係なく, 発見した人の名前です。

このようにミラー効果が見られる原因を突き詰めると, 入力 $v_i$ とは正負が逆で振幅が大きい出力 $v_o$ が現れる, つまりコンデンサ $C_\mu$ の片側の電圧変化に対して, もう片側の電圧変化が正負が逆で振幅が大きく, コンデンサの両端電圧がより大きくなるために, 流れる電流が増える, つまりインピーダンスが小さくなるように見える, という現象です。ちなみにこのミラー容量 $C_M$ は, エミッタ接地増幅回路の電圧増幅率 $A_v$ を使うと,

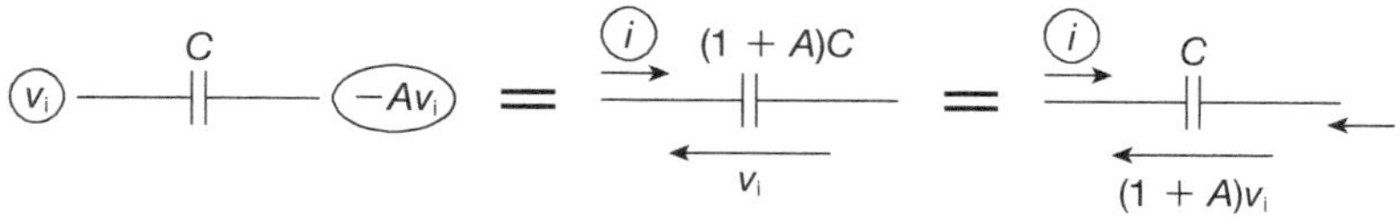

**図 8.10** ミラー効果がおこるメカニズム

$$C_M = (1+A_v)C_\mu \fallingdotseq |A_v|\,C_\mu$$

と書くこともできます。

　ミラー効果は，入力側に大きな容量のコンデンサがつながっているように見えますので，このインピーダンスが十分低くなるような高い周波数の信号に対しては，エミッタ接地増幅回路の入力インピーダンスが非常に小さな値となってしまい，これは入力信号を与える信号源，特に出力インピーダンスが大きな信号源にとっては，等価的に供給できる電圧が小さくなってしまうことになります。これでは出力も小さくなるので，電圧増幅率が下がると考えることもできます。ミラー容量は実際についている寄生容量よりも $A_v$ 倍に大きくなって見えるわけですから，その分，信号の周波数が低くてもインピーダンスが小さく，電圧増幅率が下がってしまう，という現象として現れます。

#### 演習 8.2

$C_\mu = 1\,\text{nF}$，$r_\pi = 1\,\text{k}\Omega$ として，電圧増幅率 10 のエミッタ接地増幅回路とエミッタフォロアを構成した場合のカットオフ周波数を求めてみましょう。

## 8.4 カスコード増幅回路

　このミラー効果を抑えて大きな電圧増幅率を得られる増幅回路としては，図 8.11 のようなカスコード増幅回路が知られています。この回路をよく見ると，下側はエミッタ接地増幅回路にそっくりで，その上にもう 1 つのトランジスタがつながっています。この上側のトランジスタはベースが一定電圧ですから，さきほどのベース接地増幅回路とみなすことができます。ベース接地増幅回路は，入力であるエミッタ側に流す電流がそのままコレクタ側に流れるという特徴がありました。また入力側の入力インピーダンスが非常に低いことから，入力側の信号源は電流を流しやすい，という特徴もありました。これは言い換えると，入力側に電流を流しても電圧がほとんど発生しない，ということになります。

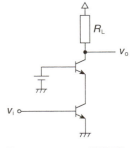

**図 8.11**　カスコード増幅回路

このような特徴をもつベース接地増幅回路が，下側のエミッタ接地増幅回路にとってどのような効果をもつかは，図 8.12 のように考えることができます。つまり電流を流す側であるエミッタ接地増幅回路にとっては，電流を流してもコレクタ電圧がほとんど変化しませんから，さきほどのようなミラー効果はほとんど現れません。ミラー効果は，エミッタ接地増幅回路の入力の正負が逆の $-A_v$ 倍の出力がコレクタに現れる

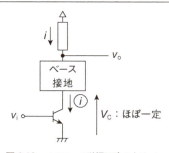

**図 8.12** カスコード増幅回路の中のベース接地増幅回路の役割

ことが原因の現象でしたから，コレクタ電圧がほとんど変化しない以上，ミラー容量は $C_\mu$ とそれほど変わらず，ほとんど影響はありません。

その一方，エミッタ接地増幅回路が流そうとする電流は，ベース接地増幅回路を通して，ほぼそのまま負荷 $R_L$ に流れます。そのためエミッタ接地増幅回路にとっては，自身がたいした苦労をしなくても，楽々と負荷 $R_L$ にコレクタ電流（と同じ大きさの電流）を電流を流すことができます。負荷 $R_L$ に現れる電圧は，オームの法則から，$R_L$ と流れる電流の積ですから，これを出力電圧と考えれば，このカスコード増幅回路の電圧増幅率は，エミッタ接地増幅回路の電圧増幅率と同じになります。

これをもう少し詳しく考えてみましょう。いつもの方法でカスコード増幅回路の小信号等価回路を描くと図 8.13 のようになります。この中の電圧や電流の関係を求めながら，$r_{o1}$ と $r_{o2}$ が $R_L$ よりも十分に大きいとして無視すれば，

$$A_v = \frac{v_o}{v_i} = -g_m R_L$$

と，エミッタ接地増幅回路の場合と同じになります。

**演習 8.3**

カスコード増幅回路の電圧増幅率 $A_v$，入力インピーダンス $Z_i$，出力インピーダンス $Z_o$ を求めてみましょう。

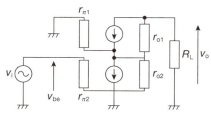

**図 8.13** カスコード増幅回路の小信号等価回路

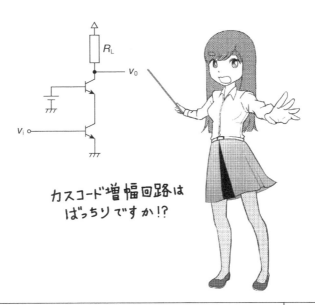

第 8 講　カスコード増幅回路

# 電源回路

この講では、トランジスタの応用回路の1つとして、電源回路について見ていきます。いままで出てきたトランジスタの回路では、小信号等価回路では一定ということで無視していましたが、電源が供給されていなければ回路は動作できません。電源は、理想的には電圧源、つまり流れだす電流によらずに一定の電圧を出力する素子、ですが、これをトランジスタの回路として作ってみよう、というわけです。

## 9.1 ツェナーダイオードとシリーズレギュレータ

電圧源、つまり一定電圧を出力する回路として一番簡単なのは、図9.1のツェナーダイオードと呼ばれる素子です。これはダイオードの一種ですが、PN領域の不純物濃度を調整して、逆方向に加える電圧を上げていくと、ある電圧で急激に電流が流れ始め、それ以降は電圧がほとんど変化しない、という特性をもたせた

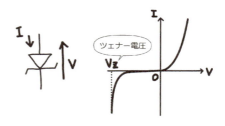

**図 9.1** ツェナーダイオードとその V-I 特性

ものです。これはその一定の電圧（ツェナー電圧と呼びます）を出力する電圧源、と考えることができます。

それならば図9.2のように使うことで、このツェナーダイオードを電圧源として電源として使えそうな気もしますが、実際には出力インピーダンスがかなり大きく、回路に大きな電流を供給できる電源回路としてはとても使えません。

そこでこのツェナーダイオードから直接電流を取り出すのではなく、これが作る電圧を基準としてトランジスタを制御して、負荷に大きな電流を流す回路を考えていきましょう。一部モデル化して、図9.3

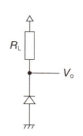

**図 9.2** ツェナーダイオードを使った電圧源

のような構成の回路を考えてみます。この図中の三角の記号は，オペアンプと呼ばれる部品で，詳しくは次の第 10 講で勉強しますが，ここでは要点のみを紹介しておきます。オペアンプには (+) と (−) の 2 つの入力と 1 つの出力があります。2 つの入力 (+) と (−) の電圧をそれぞれ

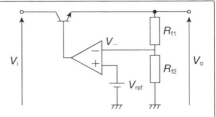

**図 9.3** シリーズレギュレータの構成

$V_+$, $V_-$ とすると，この出力 $V_\mathrm{o}$ は，$V_\mathrm{o} = A(V_+ - V_-)$ となるという性質があります。この中のオペアンプの (+) 入力にはツェナーダイオードが作る電圧源がつながっています。ツェナーダイオードは電流をほとんど流せませんが，オペアンプの入力端子には電流が流れませんから大丈夫です。この電圧を $V_\mathrm{ref}$ と置きましょう。添え字の ref は，基準や参照の意味の reference の略です。もう 1 つのオペアンプの (−) 入力は，出力電圧 $V_\mathrm{o}$ を $R_\mathrm{f1}$ と $R_\mathrm{f2}$ で分圧したものがつながっています。つまり，この電圧 $V_-$ は，

$$V_- = \frac{R_\mathrm{f2}}{R_\mathrm{f1} + R_\mathrm{f2}} V_\mathrm{o}$$

です。そしてオペアンプの出力はトランジスタのベースに接続されています。

この回路の動作を思考実験で考えてみましょう。仮に $V_-$ が $V_\mathrm{ref}$ よりも大きければ，トランジスタのベース電圧は負となり，エミッタ電圧が下がるために $V_\mathrm{o}$ が低下し，その分圧である $V_-$ も低下します。$V_-$ が $V_\mathrm{ref}$ よりも低い場合はその逆です。これらの動作は，負帰還そのもので，結果として $V_\mathrm{o}$ は，$V_- = V_\mathrm{ref}$ となるところで落ち着きます。そして $V_\mathrm{o}$ が一定となる状態が，負帰還の働きで維持されます。

これは，図 9.4 のようにモデル化することができます。つまり入力である $V_\mathrm{i}$ と出力 $V_\mathrm{o}$ との電圧の差を，間にはさまったトランジスタが抵抗のように分担している，わけです。そして $V_\mathrm{i}$ や出力負荷に流れる電流が変動して，出力電圧 $V_\mathrm{o}$ が変動しそうになっても，$V_\mathrm{o}$ が一定となるように抵

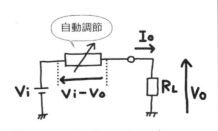

**図 9.4** シリーズレギュレータのモデル

第 9 講　電源回路

抗値を調整する，と考えることができます．このように，入出力に直列にはさまっている素子（この場合はトランジスタ）を制御することで出力電圧を一定に保つ回路を，「シリーズレギュレータ」と呼びます．シリーズ（series）は直列のことで，レギュレータ（regulator）は電圧安定化回路のことです．

## 9.2　トランジスタを使ったシリーズレギュレータ

先ほどの図 9.3 のシリーズレギュレータのモデルの中のオペアンプは，出力電圧 $V_o$ と基準電圧 $V_{ref}$ とを比較する，という働きさえすれば，オペアンプである必要はありません．そこで図 9.5 のような回路を考えてみましょう．

この回路で，トランジスタ $Q_1$ のベース電圧 $V_B$，つまり $R_{f1}$ と $R_{f2}$ の分圧は，

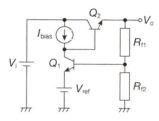

**図 9.5**　2 個のトランジスタを使ったシリーズレギュレータ

$$V_B = \frac{R_{f2}}{R_{f1} + R_{f2}} V_o$$

となります．そしてトランジスタでよく使う性質としてベースとエミッタの間の電圧は約 0.6 V で一定ですので，エミッタの電圧が $V_{ref}$ であることを使うと，

$$V_B = V_{ref} + 0.6$$

という関係がありますから，この 2 つの式から出力電圧 $V_o$ は，

$$V_o = \left(1 + \frac{R_{f1}}{R_{f2}}\right)(V_{ref} + 0.6)$$

という一定電圧となりますから，シリーズレギュレータとして働いていそうです．

本当にシリーズレギュレータとして働いているかは，負帰還がかかっているか，を確認すればわかりますので，また思考実験をしてみましょう．

何らかの理由，例えば $V_i$ が上がったり，負荷への電流が減ったなどの原因で出力電圧 $V_o$ が上昇したとしましょう．するとその分圧である $V_B$ も上昇するので，そのベース電流も増加し，これはコレクタ電流の増加につながります．図 9.5 では，コレクタには電流源 $I_{bias}$ がつながっていて一定電流を流していますが，この電流は，$Q_1$ のコレクタ電流と $Q_2$ のベース電流に分かれています．分かれる前の $I_{bias}$ が一定で，下に向かう $Q_1$ のコレクタ電流が増えると

いうことは，右に向かう $Q_2$ のベース電流が減少することになります。$Q_2$ のベース電流が減少すれば，トランジスタの $V_{CE}-I_C$ 特性のベース電流 $I_B$ による変化を考えれば，$Q_2$ のコレクタ−エミッタ間の電圧が低下し，これは出力電圧 $V_o$ の低下につながります。つまり $V_o$ が上がったことが原因となって $V_o$ が下がるように回路が働くことになり，$V_o$ の変動は抑えられる，まさに負帰還がかかっていることがわかります。

ところでこの回路では，負荷に流れる電流が，ほぼそのままトランジスタ $Q_2$ のコレクタ−エミッタ間に流れます。このコレクタ−エミッタ間には電位差 $V_{CE}$ が生じます。これは見方を変えると，電流が流れて電位差が生じるのだから抵抗が存在するのだ，と考えることができます。抵抗 $R$ に電圧 $V$ が加わって電流 $I$ が流れれば，電力 $P = VI = I^2R$ がここで消費されることになり，これは熱になります。これをコレクタ損失と呼びますが，負荷に大きな電流を流したい電源回路では，このトランジスタ $Q_2$ の発熱は十分注意する必要があります。あまり発熱が大きいと，発熱が電流の増加を引き起こしてさらに発熱が増えるという正帰還がかかってトランジスタが壊れてしまう場合（熱暴走）もありますので，放熱器をとりつけるなどの対策が必要です。

またトランジスタ $Q_2$ のコレクタ電流が，ほぼ負荷に流れる電流と等しいわけですが，トランジスタの性質として，このコレクタ電流はベース電流の $\beta$ 倍です。図 9.5 の回路では，トランジスタの制約上，ベース電流はせいぜい数 mA しか流せませんから，$\beta = 100$ としても，負荷には数 100 mA 程度しか流せないことになります。

### 演習 9.1

図 9.5 のシリーズレギュレータで，自動車のシガープラグ（12 V）から USB 端子の出力（5 V）に 500 mA を供給する場合，トランジスタ $Q_2$ のコレクタ損失を求めてみましょう。またこれがそのまま 1 mL（1 g）の水の温度上昇に使われる場合，1 分間での温度上昇を求めてみましょう。ただし 1 cal = 4.2 J とします。

## 9.3 ダーリントン接続

シリーズレギュレータが負荷にどれくらいの電流を供給できるかは，トラ

ンジスタ $Q_2$ の電流増幅率 $\beta$ で決まってしまいます。負荷にもっと大きな電流を供給できるようにするためには，$Q_2$ の $\beta$ を大きくしたいわけですが，$\beta$ はトランジスタに固有の値であり，簡単には $\beta$ が大きなものは作れません。

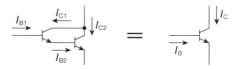

図 9.6　ダーリントン接続

そこで，等価的に $\beta$ がより大きなトランジスタを作る方法として，図 9.6 のように 2 個のトランジスタを接続する方法があります。これを 1 つの大きなトランジスタと考えると，その $\beta$ は，ベース電流 $I_B$ とコレクタ電流 $I_C$ の比です。それぞれのトランジスタの電流増幅率を $\beta_1$ と $\beta_2$ とすれば，このベース電流 $I_B$ は，実際には 1 個目のトランジスタのベース電流ですから，その $\beta_1$ 倍がコレクタ電流 $I_{C1}$ となり，そのエミッタ電流 $I_{E1}$ もこれとほぼ同じです。この $I_{E1}$ は，2 個目のトランジスタのベース電流 $I_{B2}$ となりますが，その $\beta_2$ 倍が，2 個目のトランジスタのコレクタ電流 $I_{C2}$ となります。これを整理すると，

$$b = \frac{I_C}{I_B} = \beta_1 \cdot \beta_2$$

となります。このように複数のトランジスタを接続して，$\beta$ が大きな 1 つのトランジスタのように使う方法を「ダーリントン (Darlington) 接続」と呼びます。

このダーリントン接続を図 9.7 のようにシリーズレギュレータに使うと，図 9.5 の回路よりも

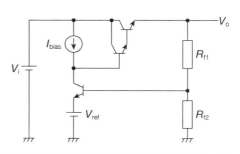

図 9.7　ダーリントン接続を使ったシリーズレギュレータ

負荷に大きな電流を流すことができる，電流供給能力の高い電源回路を作ることが可能になります。

### 演習 9.2

図 9.7 の回路で，$\beta_1 = \beta_2 = 100$，$I_{bias}$ が 1 mA のとき，この回路が負荷に供給できる電流の最大値を求めてみましょう。ただしコレクタ損失による熱暴走が起こらないように十分大きな放熱器がついていると仮定します。

## 9.4　シリーズレギュレータの電流制限回路

シリーズレギュレータでは，負荷電流はトランジスタのコレクタ － エミッタ間を流れるためにコレクタ損失を生じて発熱し，これが場合によっては熱暴走の原因となるのでした。
そこで実用的なシリーズレギュレータでは，負荷電流が増えすぎないように出力電流が流れ過ぎそうなときにはそれを制限する回路を設けることが一般的です。

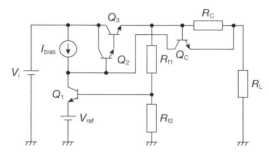

図 9.8　電流制限回路をつけたシリーズレギュレータ

図 9.8 のような回路を考えてみましょう。これはシリーズレギュレータの出力側の負荷の前にトランジスタ $Q_C$ と抵抗 $R_C$ が加わっています。負荷に流れる電流を $I_L$ とすると，$R_C$ の両端電圧はオームの法則から $I_L \cdot R_C$ となります。これは図 9.8 から，トランジスタ $Q_C$ のベース － エミッタ間電圧と等しいわけですが，トランジスタの性質から，これが約 0.6 V を超えると，トランジスタ $Q_C$ にはベース電流が流れます。そうするとその $\beta$ 倍のコレクタ電流が流れます。これは電流源 $I_{bias}$ につながっていますが，一定です。そのため，この $Q_C$ のコレクタ電流が流れた分，ダーリントン接続されているトランジスタ $Q_2$ のベース電流が減ることになります。これは $Q_2$ や $Q_3$ のエミッタ電流，つまり負荷に流れる電流 $I_L$ の減少につながりますから，結果として負帰還がかかって，$I_L$ は一定に保たれることになります。

これをグラフにすると図 9.9 のようになります。つまり負荷に流す電流 $I_L$ を増やしていくと（これは負荷 $R_L$ を小さくしていけばそうなります），$I_L \cdot R_C = 0.6$ となるところ，つまり $I_L$ が $0.6/R_C$ を超えると，電流はそれ以上は増えずに一定となります。負荷 $R_L$ を小さくしても電流 $I_L$

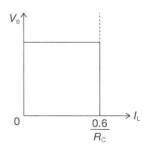

図 9.9　図 9.8 の出力電圧 $V_o$ と負荷電流 $I_L$ の関係

第 9 講　電源回路

が一定ということは，負荷にかかる電圧，つまり出力電圧 $V_o$ が，それに応じて小さくなる，と考えることができますから，グラフはこの $I_L = 0.6/R_C$ からまっすぐ下に下がる形になります。

### 演習 9.3

図 9.8 の回路で，出力電流を 500 mA に制限するための $R_C$ を求めてみましょう。

## 9.5 バンドギャップ基準電圧回路

シリーズレギュレータが一定の出力電圧 $V_o$ を作る基準となるのは，基準電圧 $V_{ref}$ です。図 9.3 の回路では，ここにツェナーダイオードを使っていましたが，実はツェナーダイオードの電圧は温度によって大きく変わる特性があります。つまり出力電圧 $V_o$ が温度によって変わってしまうことになり，これは電圧源である電源回路としては望ましくありません。このように温度による特性の変化を温度特性と呼びますが，温度特性が小さい基準電圧回路についてみていきましょう。以下では式変形が続きますが，ぜひ自分で式変形をやってみてください。

まずはトランジスタ自体の温度特性から考えていくことにしましょう。トランジスタのベース－エミッタ間の電圧と電流の関係はダイオードと同じですから，第 2 講で少しだけ紹介しましたが，

$$I_B = I_S \left\{ \exp\left(\frac{V_{BE}}{nV_T}\right) - 1 \right\}$$

ここで $V_T = kT/q$，$n$ はダイオードの構造からきまる定数です。この式の $V_T$ には温度 $T$ が含まれていますから，$I_B$ は温度 $T$ によって変化，しかも指数関数的に大きく変化することになります。ちなみにこの温度 $T$ の前についている比例係数 $k/q$ を「温度係数」と呼びますが，これはボルツマン定数 $k$ と電気素量 $q$

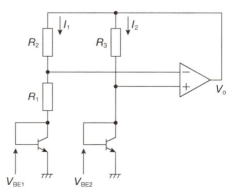

**図 9.10** バンドギャップ基準電圧回路

という物理定数から求められ，$k/q = 86.5\,[\mu\text{V/℃}]$ となります。

トランジスタを2個使って，オペアンプと組み合わせた図9.10のような回路を考えてみましょう。オペアンプは理想オペアンプと仮定します。抵抗 $R_2$ と $R_3$ を流れる電流を電流 $I_1$ と $I_2$ とおくと，オペアンプの入力には電流が流れないので，これらはすべてそれぞれのトランジスタに流れます。それぞれのトランジスタのコレクタとベースは接続されていて，またコレクタ電流はベース電流の $\beta$ 倍ですから，それぞれのトランジスタの特性が同じ，つまり両者の $\beta$ と $I_S$ が等しいと仮定します。さらに2つのトランジスタが物理的にすぐ近くに配置されていて，両者の温度 $T$ も同じであると仮定すると，

$$I_1 = I_{B1} + I_{C1} = (1+\beta) I_S \exp\left(\frac{qV_{BE1}}{kT}\right)$$

$$I_2 = I_{B2} + I_{C2} = (1+\beta) I_S \exp\left(\frac{qV_{BE2}}{kT}\right)$$

となります。また理想オペアンプでの仮想ショートの性質から，$R_2$ と $R_3$ の電圧降下は等しいことになりますから，

$$I_1 \cdot R_2 = I_2 \cdot R_3$$

が成り立ちます。また $R_1$ の両端電圧は $I_1 \cdot R_1$ ですから

$$V_{BE1} + I_1 \cdot R_1 = V_{BE2}$$

も成り立ちます。これらの式から $I_1$ と $I_2$ の比を求めると，

$$\frac{I_2}{I_1} = \exp\left\{\frac{q(V_{BE2} - V_{BE1})}{kT}\right\}$$

となりますから，これを変形して

$$V_{BE2} - V_{BE1} = \frac{kT}{q}\ln\left(\frac{I_2}{I_1}\right) = I_1 \cdot R_1$$

となります。ここで $\ln()$ は自然対数（底が e の対数）です。

一方，出力電圧 $V_o$ は，

$$V_o = V_{BE2} + I_2 \cdot R_3$$

ですが，これは

$$V_o = V_{BE2} + I_1 R_2 = V_{BE2} + I_1 \cdot R_1 \frac{R_2}{R_1} = V_{BE2} + \frac{kT}{q}\frac{R_2}{R_1}\ln\left(\frac{R_2}{R_3}\right)$$

と変形することができます。ここで

とおくと,
$$m = \frac{R_2}{R_1}\ln\left(\frac{R_2}{R_3}\right)$$

$$V_\mathrm{o} = V_\mathrm{BE2} + m\frac{kT}{q}$$

と書くことができます。

この出力 $V_\mathrm{o}$ の1項目にある $V_\mathrm{BE2}$ は,トランジスタの性質として約 0.6 V 一定とみなせますが,実際には $-2\,\mu\mathrm{V}/\mathrm{℃}$ 程度の温度依存性があることが知られています。この値が負ということは,温度が上がるほど $V_\mathrm{BE2}$ は小さくなる,ということです。またこの2項目は $(mk/q)T$ と書けますから,この項は $mk/q = m\cdot 86.5\,\mu\mathrm{V}/\mathrm{℃}$ という正の温度依存性をもちます。

このように,$V_\mathrm{o}$ を決める2つの項が,それぞれ正と負の温度依存性をもつわけですが,$m$ は回路設計時に決めることができますから,$m$ をうまく設定すれば,この2つの項が相殺されて,温度が変わっても $V_\mathrm{o}$ を一定に保つことができそうです。

この1項目の $V_\mathrm{BE}$ の温度係数をもう少し詳しくみていきましょう。トランジスタの $V_\mathrm{BE}$ とコレクタ電流 $I_\mathrm{C}$ の関係は,トランジスタ内の半導体内の物理現象を詳細に解析した結果だけ紹介しておくと

$$I_\mathrm{C} = \alpha T^r \exp\left\{q\frac{V_\mathrm{BE} - V_\mathrm{g0}}{kT}\right\}$$

となることが導かれます。ここで,$\alpha$ はベース領域のパラメータに関する温度に依存しない係数です。また $T$ はトランジスタ(PN 接合)の温度で,$r$ はトランジスタの構造に依存しない,$r = 1.5$ というほぼ一定の値です。また $V_\mathrm{g0}$ は絶対零度における PN 接合の順方向電圧であり,「バンドギャップ電圧」と呼ばれる物理定数です。シリコンでは 1.205 V です。バンドギャップ電圧という普遍的な物理定数が出てくるのが不思議ですね。

さてこの式を $V_\mathrm{BE}$ について解くと,

$$V_\mathrm{BE} = V_\mathrm{g0} + \left(\frac{kT}{q}\right)\{\ln(I_\mathrm{C}) - \ln(\alpha) - r\ln(T)\}$$

となりますが,$V_\mathrm{BE}$ の温度係数,つまり $T$ の変化に対する $V_\mathrm{BE}$ の変化は,$V_\mathrm{BE}$ を $T$ で偏微分した偏微分係数ですから,

$$\frac{\partial V_{\mathrm{BE}}}{\partial T} = \left(\frac{k}{q}\right)\{\ln(I_{\mathrm{C}}) - \ln(\alpha) - r\ln(T) - r\} = \frac{V_{\mathrm{BE}} - V_{\mathrm{g0}}}{T} - \left(\frac{k}{q}\right)r$$

となります．これを使って，図 9.10 の回路の出力電圧 $V_\mathrm{o}$ の温度係数は，

$$\frac{\partial V_\mathrm{o}}{\partial T} = \frac{V_{\mathrm{BE2}} - V_{\mathrm{g0}}}{T} + \frac{k}{q}(m - r)$$

となります．出力電圧 $V_\mathrm{o}$ が温度によらずに一定となってほしいわけですから，この温度係数をゼロとしたいわけです．この偏微分係数に $T$ が含まれているということは，$V_\mathrm{o}$ は $T$ の一次関数ではなく，温度係数も定数ではないわけですが，現実的な回路の動作温度の付近で，$V_\mathrm{o}$ がほぼ一定となるようにすることにして，これをゼロと置くと，

$$V_{\mathrm{BE2}} = V_{\mathrm{g0}} - \frac{kT}{q}(m - r) = V_{\mathrm{g0}} - (m - r)\frac{kT}{q}$$

となります．これを $m$ について解くと，

$$m = r + \frac{q(V_{\mathrm{g0}} - V_{\mathrm{BE2}})}{kT}$$

となります．仮に回路の温度を $T = 300\,\mathrm{K}\ (= 27℃)$ とし，$V_{\mathrm{BE2}} = 0.6\,\mathrm{V}$，$r = 1.5$ を代入すると，

$$m = 1.5 + \frac{1.205 - 0.6}{0.0258} = 24.4$$

となるような $m$，つまり $m$ がこの値となるように $R_1$, $R_2$, $R_3$ を設定すれば，この温度付近では温度係数がほぼゼロで温度によらずに出力電圧 $V_\mathrm{o}$ が一定となることになります．

$$V_\mathrm{o} = V_{\mathrm{BE2}} + mV_T$$

でしたから，このときの $V_\mathrm{o}$ は

$$V_\mathrm{o} = V_{\mathrm{g0}} + \frac{rkT}{q} = 1.205 + 1.5 \cdot 0.0258 = 1.244\,[\mathrm{V}]$$

となります．

このように温度にほぼ依存しない一定の電圧 $V_\mathrm{o}$ を得られる回路を「バンドギャップ基準電圧回路」と呼びます．これをツェナーダイオードの代わりに使ってシリーズレギュレータを作れば，温度依存性が小さい安定な電圧を得られる電源回路を作製できます．

微調整しながら出力の変化をおさえる

# 第10講 オペアンプとその基本回路

いままでトランジスタを使った回路をいろいろ見てきました。その挙動を直感的に，体感的に理解するには時間がかかると思いますが，ぜひいろいろな視点から見てみて，自分なりの理解をしてください。この講から先は，オペアンプという部品とその使い方について見ていきます。この講を読んでもらえれば，トランジスタやその回路に比べれば，ずっと簡潔なものとして理解できると思います。これは増幅器を理想化したもので，増幅器の本質を理解するのに最適だと思いますので，ぜひがんばってください。

## 10.1 オペアンプというもの

まず唐突ですが，図 10.1 のような記号で描かれる回路を考えることにしましょう。この回路を**オペアンプ**と呼びます。オペアンプとは，Operational Amplifier（演算増幅器）の略ですが，日本語名称の

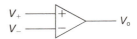

**図 10.1** オペアンプの記号

演算増幅器を聞くことはほとんどないと思いますので，オペアンプ，という名称だけ知っていれば十分です。このオペアンプ，2 本の入力端子と 1 本の出力端子があります。2 本の入力端子には，プラス（＋）とマイナス（－）の記号がついています。2 つの入力に与える電圧を，それぞれ $V_+$ と $V_-$ とし，出力に現れる電圧を $V_\circ$ としましょう。オペアンプの $V_\circ$ は次のように与えられます。

$$V_\circ = A(V_+ - V_-)$$

$A$ は増幅率で，オペアンプに固有の値です。唐突にこの式が出てきました。なぜこんな関係式になるのか？と考えてはいけません。入出力がこのような関係式になるようなものを考え，それオペアンプと呼ぶ，のです。なぜこのような関係式となるものを考えるのか？とも考えてはいけません。以下で見ていくように，そういうものを考えると，結果的にいろいろ便利だから，という理解で結構です。

さてこのような入出力の関係式をもつオペアンプですが，さらに次のような性質をもつものを考えてみましょう。

- 増幅率 $A$ が無限大
- 入力インピーダンスが無限大
- 出力インピーダンスはゼロ

繰り返しますが，なぜそのような性質をもつものを考えるのか？と考えてはいけません。そのような性質をもつものを考えると，いろいろ便利で，それに加えて，無限大というと，空想上の産物のように聞こえますが，現実の電子回路としても，これらにかなり近い性質をもつものが存在します。これについては次の講から少しずつ見ていきますので，まずはこのような性質を仮定しましょう。

まず増幅率が無限大ということは，2つの入力電圧の差を求め，それを無限大倍にしたものが出力電圧となる，ということです。なんだか不思議ですが，そのまま次へ行きましょう。次の入力インピーダンスが無限大ということは，入力電圧を与える信号源がオペアンプに対して電流を流さない（流せない）ということです。電圧は加えられるが，電流は流れないわけですね。そして最後の出力インピーダンスがゼロということは，出力端子から（つながっているであろう）負荷に対してどれだけ電流を流しても，出力電圧が変化しない，ということです。（第1講のテブナンの定理を思い出してください）このような性質をもつオペアンプを**理想オペアンプ**と呼びます。現実の電子回路では無限大やゼロはあり得ませんから，あくまでも理想的なもの，というわけです。これ以降，特に断らない限り，オペアンプ = 理想オペアンプ，と考えてください。

さてこの理想オペアンプですが，これらからもう1つの性質が導かれます。仮に2つの入力電圧 $V_+$ と $V_-$ が異なる電圧であるとしてみましょう。すると $V_o$ はその差の $A$ 倍，つまり無限大倍ですから，$(V_+ - V_-)$ がゼロでないため，$V_o$ は無限大となってしまいます。しかしいくら理想的なオペアンプとはいえ，電子回路ですから，「電圧 $V_o$ が無限大」というのはあり得ないはずです。さあ困りました。現実の電子回路で無限大の電圧が現れてしまいそうなわけですが，このようなことは起こり得ない。何がまずかったのかといえば，最初の仮定，つまり「$(V_+ - V_-)$ がゼロでない」という仮定が間違っていたからだろう，と考えることができます（図10.2）。数学の背理法というやつですね。したがって，$(V_+ - V_-) = 0$ となるはず，という結論が導かれます。こ

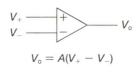
$V_\mathrm{o} = A(V_+ - V_-)$

$V_+ \neq V_-$ ならば、$A \to \infty$ とすると $V_\mathrm{o} \to \infty$
（矛盾）

$V_+ = V_-$ であることが必要

**図 10.2** 仮想ショートが導かれる理屈

れは理想オペアンプにおいて非常に大切な性質です。もとは「$A$ が無限大」であることから導かれた性質ですが，それと並んで，あるいはそれ以上によく使う性質なので，ぜひしっかり頭に入れておいてください。この性質を**仮想ショート**と呼びます。2 つの入力端子は，別々のようでいて，両者の電圧は同じにならなければならない，というわけですから，中でつながっているように見える（ただし実際につながっているわけではない）という意味で，仮想的にショートしている，仮想ショート，と呼ぶのです。

以上，仮想ショートをあわせて，理想オペアンプがもつ 4 つの性質を，しっかり頭にいれておいてください。すべてのオペアンプの回路は，この 4 つの性質だけを使って解ける，といっても過言ではありません。

## 10.2　オペアンプを使った回路：非反転アンプ

オペアンプが単体で使われることはまずなく，まわりに抵抗やコンデンサをつないで回路を作って使います。まずはオペアンプを使った最初の回路として，図 10.3 のような回路を考えてみましょう。このような回路を**非反転アンプ**と呼びますが，2 つの抵抗の働きを抵抗の分圧とみると，オペアンプの出力 $V_\mathrm{o}$ が，2 つの抵抗 $R_\mathrm{i}$ と $R_\mathrm{f}$ で分圧されていて，その分圧された $V_\mathrm{o}$ がオペアンプの（−）入力の電圧 $V_-$ となっている，とみることができます。そしてオペアンプのもう片方の（+）入力には，信号源からの入力電圧 $V_\mathrm{i}$ が与えられています。

この非反転アンプの出力 $V_\mathrm{o}$ と入力 $V_\mathrm{i}$ の関係を求めてみます。といっても，実はここまででほとんど導かれていて，$R_\mathrm{i}$ と $R_\mathrm{f}$ による分圧は，分圧の式を使って

$$V_- = \frac{R_\mathrm{i} V_\mathrm{o}}{R_\mathrm{i} + R_\mathrm{f}}$$

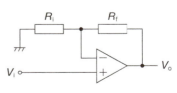

**図 10.3**　非反転アンプ

第 10 講　オペアンプとその基本回路

と書くことができます。この式の右辺が $R_i$ と $R_f$ での $V_o$ の分圧ですが，それがオペアンプの（−）入力の電圧である，というわけです。ところが（特に断っていないので）理想オペアンプでは，仮想ショートという性質があるのでした。つまり（＋）入力と（−）入力の電圧は等しくなります。つまり $V_+ = V_-$ ですが，（＋）入力には $V_i$ が与えられていますから，$V_+ = V_i$ です。以上をまとめると，

$$V_i = \frac{R_i V_o}{R_i + R_f}$$

ということになります。これを変形すると，

$$V_o = \left(1 + \frac{R_f}{R_i}\right) V_i$$

という関係式が導かれます。これが非反転アンプの入出力の関係ですが，アンプ（増幅回路）の特性は，入出力の電圧比，つまり電圧増幅率 $A_v = V_o/V_i$ で考えることが多いので，これを求めると，

$$A_v = 1 + \frac{R_f}{R_i}$$

ということになります。この関係式は，実際よく使うので，公式のように覚えてしまってもいいのですが，ぜひオペアンプの性質を使いながら，頭の中で導けるくらい慣れておくとよいと思います。ちなみに信号源からは電流が流れ（流せ）ません。また $A_v$ は正ですから，入力 $V_i$ と出力 $V_o$ の符号は同じで符号が反転しないことから，非反転アンプと呼ばれます。

### 演習 10.1

この関係式を導いてみましょう。また非反転アンプの入力インピーダンスを求めてみましょう。

## 10.3　オペアンプの2つの入力の使い分け

ところでこの非反転アンプとその特性を導く過程で，オペアンプの2つの入力を逆にしても同じ結果が導かれるのでは？と気付いた人がいるかもしれません。出力 $V_o$ の分圧が，仮想ショートによって入力 $V_i$ と等しい，ということを使ったわけですから，図10.4のように（＋）入力と（−）入力を逆に

しても，同じ結論になりそうです。

ところが実際の電子回路としての非反転アンプでは，（＋）入力と（－）入力を逆にすると，正しい出力電圧が得られません。それはなぜでしょうか。

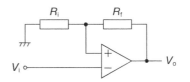

**図 10.4** （＋）入力と（－）入力を逆にした非反転アンプ

図 10.5 のような正しい非反転アンプで，オペアンプの 2 つの入力端子の役割を考えてみましょう。仮に何らかの原因で，（＋）入力の電圧 $V_+$ が，ほんの少しだけ上昇したとします。これは入力電圧 $V_i$ が上昇すれば起こりますし，それ以外でも温度が変わる，などの要因で，実際に起こりえます。

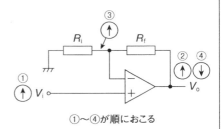

**図 10.5** 正しい非反転アンプと電圧の変動

このとき，非反転アンプの中ではどのようなことが起こるのでしょうか。思考実験をしてみると，次のような現象が順に起こるはずです。

(1) $V_+$ が上昇すると，$V_+ > V_-$ となるので，$(V_+ - V_-)$ が正となる
(2) オペアンプの性質から，$V_o = A(V_+ - V_-)$ なので，$V_o$ が上がる
(3) $V_o$ を $R_i$ と $R_f$ で分圧したものが $V_-$ なので，$V_-$ も上がる
(4) オペアンプの性質から，$V_o = A(V_+ - V_-)$ なので，$V_o$ は下がる（$V_-$ の前にマイナスがあるため）
(5) その結果，$V_o$ は「上がることが，下がることを引き起こす」ことになり，これは $V_o$ が最終的に計算通りの電圧になるまで続くことになり，結果として $V_o$ は計算通りの電圧で落ち着く（収束する）

つまり，風が吹けば桶屋が儲かる論法で，$V_o$ の変動が抑えられて安定するメカニズムがある，と考えることができます。この $V_o$ の変動を抑えるメカニズムについては第 15 講で詳しく考えます。

では（＋）入力と（－）入力を逆にした非反転アンプではどうでしょうか。$V_i$ が上昇した場合に対して同様の思考実験をしてみると，次のような現象が順に起こるはずです。

(1') $V_i = V_-$ なので，$V_+ < V_-$ となり，$(V_+ - V_-)$ が下がって負となる

(2′) オペアンプの性質から，$V_o = A(V_+ - V_-)$ なので，$V_o$ も下がる
(3′) $V_o$ を $R_i$ と $R_f$ で分圧したものが $V_+$ なので，$V_+$ も下がる
(4′) オペアンプの性質から，$V_o = A(V_+ - V_-)$ なので，$V_o$ は下がる（$V_+$ の前にプラスがあるため）
(5′) その結果，$V_o$ は「下がることが，さらに下がることを引き起こす」ことになり，$V_o$ がさらに下降する

この最後の (5′) は，正しい非反転アンプの場合の (5) とは逆に，$V_o$ の下降がさらなる下降を引き起こす，という現象であることになります。そのため $V_o$ はどんどん下降する悪循環になり，発散してしまいます。発散といっても実際には $V_o$ が無限大になることはなく，オペアンプが出力できる $V_o$ の下限（ふつうはオペアンプに加える電源の電圧）まで振り切れてしまう，ということになります。

このようにオペアンプの（＋）入力と（－）入力を逆にすると，まともな動作をしないため，ふつうは使いません。上の正しい非反転アンプの思考実験から $V_o$ が安定することのポイントは，$V_o$（の分圧）が $V_-$ につながっていること，と考えることができます。つまり $V_o$ から $V_-$ へ，抵抗などを通してつながる経路がある，はずです。今後いろいろなオペアンプの回路をみていきますが，実際，すべての回路で，$V_-$ は出力 $V_o$ に間接的につながっているはずです。オペアンプの回路を描くときに，2 つの入力がどっちだっけ？と迷ったら，この法則をあてはめれば，正しい（ちゃんと動作する）回路を描けますので，ぜひ頭に入れておいてください。

#### 演習 10.2

$R_i = R_f = 1\,\mathrm{k\Omega}$ の非反転アンプの電圧増幅率を求めてみましょう。入力 $V_i$ に振幅 1 V の正弦波を与えた場合に得られる $V_o$ の波形を描いてみましょう。

## 10.4 オペアンプを使った回路：反転アンプ

この講ではもう 1 つ，図 10.6 のようなオペアンプを使った回路を考えてみましょう。このような回路を**反転アンプ**と呼びますが，2 つの抵抗のうち $R_i$ は入力 $V_i$ とオペアンプの（－）入力の間に，$R_f$ は（－）入力と出力 $V_o$ の間に入っています。そしてオペアンプの（＋）入力は 0 V です。この反転アンプの出力 $V_o$ と入力 $V_i$ の関係，つまり電圧増幅率 $A_v = V_o/V_i$ を求めてみましょ

う。このような回路を前にすると、どこから手を付けたらいいんだろう、と途方にくれる人もいるかと思います。そのようなときは、まずは各所の電圧や電流を文字でおくところから始めると、だいたいうまくいきます。抵抗 $R_i$ と $R_f$ を電流が流れているはずですが、その電流の大

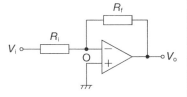

**図10.6** 反転アンプ

きさがわかりませんから、それぞれ $I_i$, $I_f$ とおいてみましょう。

この $I_i$ と $I_f$ は抵抗を流れる電流ですから、それを求めるのはオームの法則を使うことになります。オームの法則は、抵抗の両端の電位差（電圧）を抵抗値で割れば、そこを流れる電流が求められる、ということですから、図 10.7 のように考えればよいことになります。それぞれの抵抗の両端の電圧から、その差として両端電圧が求められ、電圧が高いほうから低いほうへ電流が流れることも考えると、

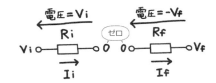

**図10.7** オームの法則を使って $I_i$ と $I_f$ を求める

$$I_i = \frac{V_i - V_-}{R_i}$$

$$I_f = \frac{V_- - V_o}{R_f}$$

と求められます。両端電圧を求めるとき、マイナスのあとにくる側が電圧計算の基準点、つまり電流が流れる先、であることに注意してください。

またオペアンプの（+）入力の電圧 $V_+$ はゼロですが、オペアンプがもつ仮想ショートの性質から、$V_-$ もゼロとなります。また $R_i$ を通ってきた電流は、分岐があり、オペアンプの（−）入力に向かう経路と $R_f$ に向かう経路がありますが、（理想）オペアンプには入力インピーダンスが無限大という性質がありましたから、オペアンプの（−）入力に向かう経路には電流は流れ（られ）ません。つまり $R_i$ を通った $I_i$ は、すべて $R_f$ に流れる $I_f$ となるわけですから、$I_i = I_f$ となります。以上から、

$$V_- = 0$$
$$I_i = I_f$$

第 10 講　オペアンプとその基本回路

を代入すると，この反転アンプの電圧増幅率 $A_v$ は，

$$A_v = \frac{V_\text{o}}{V_\text{i}} = -\frac{R_\text{f}}{R_\text{i}}$$

となることが導かれます。関係式も実際よく使うので，公式のように覚えてしまってもいいのですが，ぜひオペアンプの性質を使いながら，頭の中で導けるくらい慣れておくとよいと思います。$A_v$ が負ですから，入力 $V_\text{i}$ と出力 $V_\text{o}$ の符号は逆となって符号が反転します。そのことから，反転アンプと呼ばれます。ちなみにこの反転アンプでも，出力 $V_\text{o}$ とつながっているのはオペアンプの（−）入力のほうですね。

### 演習 10.3

この関係式を導いてみましょう。また反転アンプの入力インピーダンスを求めてみましょう。

### 演習 10.4

$R_\text{i} = 1\,\text{k}\Omega$，$R_\text{f} = 2\,\text{k}\Omega$ の反転アンプの電圧増幅率を求めてみましょう。入力 $V_\text{i}$ に振幅 1 V の正弦波を与えた場合に得られる $V_\text{o}$ の波形を描いてみましょう。

ちなみにこの反転アンプの電圧増幅率は，別の方法で導くこともできます。改めて図 10.6 をみてください。先ほどとは別の見方として，図 10.8 のように 2 つの抵抗 $R_\text{i}$ と $R_\text{f}$ の分圧，を考えてみましょう。$R_\text{i}$ と $R_\text{f}$ の分圧がオペアンプの（−）に与えられている，と考えることができ

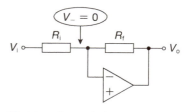

**図 10.8** 反転アンプの中の分圧

ます。この $R_\text{i}$ と $R_\text{f}$ の分圧は，$R_\text{i}$ 側が $V_\text{i}$，$R_\text{f}$ 側が $V_\text{o}$ ですから，図 10.8 をみながら考えると，次の手順で求めることができます。まず $R_\text{i}$ の左を基準とした，$R_\text{f}$ の右の電圧は $(V_\text{o} - V_\text{i})$ です。それを $R_\text{i}$ と $R_\text{f}$ で分圧するわけですから，$R_\text{i}$ の左の基準点からの真ん中の電圧差は，

$$\frac{R_\text{i}(V_\text{o} - V_\text{i})}{R_\text{i} + R_\text{f}}$$

となります。ただし $R_\text{i}$ の左端の電圧は実際には $V_\text{i}$ ですから，この真ん中の

実際の電圧は，これに $V_i$ を加えて

$$V_i + \frac{R_i(V_o - V_i)}{R_i + R_f} = \frac{R_i V_o + R_f V_i}{R_i + R_f}$$

となります。この式を，$V_i$ と $V_o$ の内分がこの点の電圧，と考えたほうが理解しやすい人はそう理解してかまいません。これが仮想ショートの性質からゼロとなりますから，

$$R_i V_o + R_f V_i = 0 \quad \rightarrow \quad V_o = -\left(\frac{R_f}{R_i}\right)V_i$$

となり，先ほどと同じ結果が得られます。まあ同じ回路なのですから当たり前なのですが，別の見方を使っても同じ結論が得られました。

オペアンプの回路は、すべてここから！

第 10 講　オペアンプとその基本回路

# 第11講 オペアンプの応用回路

 この講では,オペアンプを使ったほかの回路を,どんどん見ていくことにしましょう。繰り返しになりますが,オペアンプの回路は,基本的には理想オペアンプのもつ性質,特に仮想ショートと入力インピーダンスが無限大,を使えばすべて解けますので,その勝手をぜひ体得してください。

## 11.1 加算アンプ

 早速,図 11.1 のような回路を考えてみます。よく見ると図中の点線の部分は反転アンプと同じですから,反転アンプの考え方が使えそうです。反転アンプのときは,各抵抗に流れる電流を求めるところから始めましたから,同じように求めてみましょう。せっかくなので(?),仮想ショートを使ってオペアンプの($-$)入力がゼロとなることを使うと,

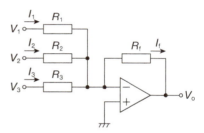

**図 11.1** 加算アンプ

$$I_1 = \frac{V_1}{R_1}$$

$$I_2 = \frac{V_2}{R_2}$$

$$I_3 = \frac{V_3}{R_3}$$

となります。この電流がいったん合流しますが,キルヒホッフの電流則から,出ていく電流も $(I_1 + I_2 + I_3)$ となります。さらにオペアンプの($-$)入力には電流が流れませんから,この電流はすべて $R_f$ に流れます。$R_f$ の左端の電圧はゼロ(仮想ショートなので)ですから,$R_f$ の右側の電圧,つまり $V_o$ は

$$V_o = -\left(\frac{V_1}{R_1} + \frac{V_2}{R_2} + \frac{V_3}{R_3}\right) \cdot R_f$$

となることが導かれます。この式から求まる $V_o$ は,入力である $V_1$,$V_2$,$V_3$ を,$R_1$,$R_2$,$R_3$ で割って加算したもの(を $-R_f$ 倍したもの)ということができますので,この回路を**加算アンプ**と呼びます。$R_1$,$R_2$,$R_3$ は,それぞれの

入力電圧が出力 $V_o$ にどれぐらい寄与するかを決める重み係数，ということができます。

### 演習 11.1
図 11.1 の加算アンプで $R_1 = 1\,\mathrm{k\Omega}$, $R_2 = 2\,\mathrm{k\Omega}$, $R_3 = 3\,\mathrm{k\Omega}$, $R_f = 1\,\mathrm{k\Omega}$ とし，$V_o$ を求めてみましょう。また $V_1$ と $V_2$ に適当な振幅で，異なる周波数の正弦波を加えて $V_3 = 0$ としたときの $V_o$ の波形の概略を描いてみましょう。

この演習 11.1 では，入力電圧に周波数が異なる正弦波を加えた場合を考えていますが，それらの正弦波が（重み係数をつけて）重ねられた出力 $V_o$ が得られることになります。この重ねられた波形は，ぐちゃぐちゃしているように見えますが，例えば $V_1$ と $V_2$ を音声信号と考えると，その $V_o$ には 2 つの音声が重なったものが得られます。実際，スピーカを $V_o$ につないで音として聞いてみると，$V_1$ と $V_2$ の音が重なったように聞こえます。つまり音をミキシングする回路（ミキサー）ということになります。それぞれの音のミキシング比は，それぞれの入力側につながっている抵抗の値で決まりますが，ここに図 11.2 のようにツマミを動かすと抵抗値が変わる可変抵抗器を使えば，ツマミを動かせばミキシング比を変えられる，本物のミキサーっぽくなりますね。

**図 11.2** 可変抵抗器

## 11.2 加算アンプの応用

この加算アンプは，音声ミキサー以外にも使い道があります。次の演習問題を考えてみます。

### 演習 11.2
入力 $V_i$ が 0.1–0.5 V の範囲で変化する信号に対して，出力 $V_o$ が 0–2 V の範囲

で変化するような回路を作ってみましょう。

まず $V_i$ と $V_o$ の関係を式にすると，$V_i$ が 0.4 V 変化すると $V_o$ が 2 V 変化していますので，比例係数は 5 となり，

$V_o = 5V_i - 0.5$

となることがわかります。これをちょっと変形すると，

$V_o = 5(V_i - 0.1) = -5 \cdot \{-(V_i - 0.1)\}$

となります。これを，

$V_o = -5V_a$

$V_a = -(V_i - 0.1)$

と分けて考えてみることにします。すると $V_o$ と $V_a$ の関係式は反転アンプの式そのものですから，図 11.3 のような反転アンプで実現できそうです。

次に $V_i$ から $V_a$ を求める回路を考える

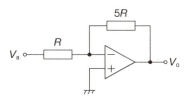

**図 11.3** $V_a$ から $V_o$ を求める回路

わけですが，この式をよく見ると，かっこの中が 2 つの項の差（負の数の和）となっていますから，加算アンプが使えそうです。加算アンプの式と見比べると，図 11.4 のような加算アンプで実現できそうです。

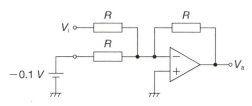

**図 11.4** $V_i$ から $V_a$ を求める回路

これで $V_i$ から $V_a$，$V_a$ から $V_o$ が決まりましたから，この 2 つをつなげれば，最終的な回路が求められそうです。あとはみなさん自身でやってみてください。

## 11.3　差動アンプ（減算回路）

もう 1 つ，オペアンプを使った回路として図 11.5 のような回路を考えてみます。ここまでのオペアンプの回路の解き方をみてきて，なんとなくできそうな気がする人は，以下の説明を読む前に，自分でぜひ解いてみてください。ちょっと計算が面倒なところがあり，また電圧の基準のおきかたで混乱

しそうになりますが，基本的にはこれまで使った考え方で解けるはずです．一応解き方を以下に書いておきます．

まず$R_3$と$R_4$による$V_2$の分圧がオペアンプの(＋)入力につながっていますから，その電圧$V_+$は，

$$V_+ = \frac{R_4}{(R_3 + R_4)V_2}$$

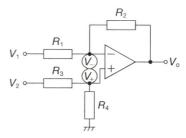

**図 11.5** 差動アンプ(減算回路)

となります．また$R_1$と$R_2$に対して反転アンプのときと同じように考えると，両者を流れる電流は等しいので(オペアンプに電流が流れないため)，これを$I$とおき，またオペアンプの(－)入力の電圧を$V_-$とおけば，

$$I = \frac{V_1 - V_-}{R_1} = \frac{V_- - V_\circ}{R_2}$$

となります．反転アンプのときと違って$V_-$がゼロとは限らないので，$V_-$のまま式に残っていることに注意します．ここで仮想ショートの性質を使えば，$V_+ = V_-$ですから，これらの式を解くと，

$$V_\circ = \frac{R_4(R_1 + R_2)}{R_1(R_3 + R_4)} \cdot V_2 - \frac{R_2}{R_1} \cdot V_1$$

となります．

ここで，$R_2/R_1 = R_4/R_3$と仮定してみると，

$$V_\circ = \frac{R_2}{R_1}(V_2 - V_1)$$

となります．つまり2つの入力の差に比例した出力が得られることから**差動アンプ**は**減算回路**と呼びます．

### 演習 11.3
図 11.5 の差動アンプ(減算回路)の$V_\circ$を求めてみましょう．

### 演習 11.4
図 11.5 の差動アンプ(減算回路)で$R_1 = R_2 = R_3 = R_4 = 1\,\text{k}\Omega$として，$V_1$と$V_2$に振幅1Vの正弦波を与えた場合の$V_\circ$の波形の概略を，$V_1$と$V_2$の位相が

同じ（0度）の場合と180度の場合について求めてみましょう。

そういえば7講で紹介した差動増幅回路も，2つの入力の差を求める回路でした。トランジスタを使った差動増幅回路も，オペアンプを使った差動アンプも，2つの入力の差を求めるという意味では同じ働きをする回路といえますが，オペアンプを使った回路のほうが，回路の解析はずっとすっきりしています。（理想）オペアンプという，特性が非常にシンプルな素子を使うことで，差動増幅の本質が見えやすくなっている，ということもできると思います。もっとも，第12講でみるように，オペアンプの特性はシンプルでも，その中の電子回路としての構成はかなり複雑ですから，実際の電子回路の複雑さという意味ではどっちもどっちではあります。

ところでこの差動アンプは，見方を変えると，図11.6のように非反転アンプと反転アンプが混じったような回路になっています。実際，$V_2 = 0$とすれば反転アンプそのものですし，$V_1 = 0$として$R_3 = 0$，$R_4 =$ 無限大とすれば，非反転アンプとみなすことができます。

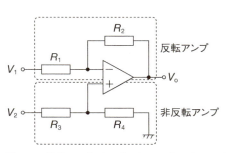

図 11.6　差動アンプの中の非反転アンプと反転アンプ

### 演習 11.5

差動アンプの式に対して，上記のような仮定をおき，それぞれ非反転アンプと反転アンプの式と同じになることを導いてみましょう。

## 11.4　ボルテージフォロア

次に，図11.7のような回路を考えてみましょう。この回路を**ボルテージフォロア**（voltage follower）と呼びます。

この回路の電圧増幅率$A_v$は，慣れてくれば暗算で求められるはずです。仮想ショートから（＋）入力の電圧＝（－）入力の電圧ですが，（＋）入力には入力$V_i$が，また（－）入力は出力$V_o$につながっ

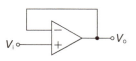

図 11.7　ボルテージフォロア

ていますから，結局 $V_o = V_i$，つまり電圧増幅率 $A_v$ は 1 となります。

あるいは，入力 $V_i$ が直接（＋）入力につながっていますから，非反転アンプの一種と考えることもできます。「つながっていない」状態は，抵抗値が無限大の抵抗と考えることができますから，図 10.3 の非反転アンプの回路図と見比べると，$R_i$ ＝ 無限大，$R_f = 0$ とおけばこの回路となることがわかります。そこで非反転アンプの電圧増幅率 $A_v$ の式にこれらを代入すれば，やはり $A_v = 1$ となることが導かれます。

電圧増幅率 $A_v$ が 1，つまり入力と出力が同じ，ということは，こんな回路はなくてもいいのでは？という気もしてしまいますね。似たような話が 4 講でありました。エミッタフォロアのことです。エミッタフォロアは，電圧増幅率は 1 ですが，入力インピーダンスが非常に大きく，信号源にとって優しい回路，ということができました。ボルテージフォロアでは，入力 $V_i$ が直接オペアンプの（＋）入力につながっているわけですから，ボルテージフォロアの入力インピーダンスは無限大ということになります。エミッタフォロアよりもさらに入力インピーダンスが大きい，さらに信号源にとって優しい回路，ということができます。

## 11.5　電流−電圧コンバータ

電流を電圧に変換する，つまり流れている電流に比例した電圧を得るには，どのような方法があるでしょうか。一番簡単な方法は，その電流を抵抗に流すこと，です。オーム法則から $V = IR$ ですから，確かに流れている電流 $I$ に比例した電圧 $V$ が得られます。しかし実際の電子回路を使う場面では，あまり電流を流せない電流源，というものが存在します。例えば第 2 講で一番最初の半導体素子として紹介したダイオードは，図 11.8 のように，光が当たると非常に少しですが電流が流れるという現象があります。つまり明るさを検知するセンサとして使うことができるわけですが，電流はせいぜい 1 μA 程度と非常に小さく，これを 1 kΩ の抵抗に流したとしても得られる電圧は 1 mV しかないため，現実的な光センサとしては使えません。ならば抵抗を大きくすればよさそうですが，そうするとセンサであるダイオードの電圧が高くなってしまい，これはダイオードの

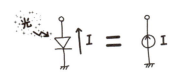

**図 11.8**　あまり電流を流せない電流源の例

特性から，光に応じて流れる電流が減ってしまうため，抵抗をむやみに大きくすることもできません。そういうジレンマがあります。

そこでオペアンプを使って図11.9のような回路を考えてみます。これは反転アンプで，$R_i$ がなく，直接電流 $I_i$ が入力として与えられている状態，と考えることができます。反転アンプのときと同じように考えれば，

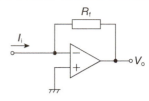

図 11.9 電流－電圧コンバータ

$$V_o = -I_i \cdot R_f$$

となることがわかります。この回路では，入力側の $I_i$ が流れる先の電圧は，仮想ショートから常に0Vですから，信号源の $I_i$ は心おきなく電流を流すことができ，それを $R_f$ 倍にした電圧を得られることになります。このような回路を「電流－電圧コンバータ（I/V converter）」と呼びます。

### 演習 11.6

1 μA の電流変化に対して1Vの電圧変化を得るための回路を設計しましょう。

## 11.6　理想ダイオード

ダイオードつながりで，もう1つ回路を紹介しておきましょう。第2講でみたように，ダイオードは順方向電圧（0.6V程度）よりも高い電圧では電流が流れ，それ以下では電流が流れない素子，であるわけでした。ダイオードの代表的な使い道の1つは，図11.10の半波整流回路と呼ばれる回路です。これに正弦波の電圧 $V_i$ を加えると，$V_i$ が正（正しくは0.6V以上）のときは電流が流れ，それ以下のときには電流が流れないことから，図11.10のような出

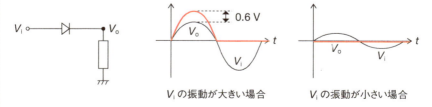

図 11.10　半波整流回路と入力電圧の振幅に応じた出力波形

力電圧 $V_o$ が得られます。つまり振幅が 0.6 V より小さい正弦波電圧に対しては，出力が全く変化しないことになってしまいます。この 0.6 V というダイオードに電流が流れるために最低限必要な順方向電圧は，なんとか下げられないものでしょうか。

そこでオペアンプを使って図 11.11 のような回路を考えてみましょう。回路の構成としては，(＋) 入力が接地されていて，入力 $V_i$ が抵抗 $R_i$ を通して (−) 入力につながっていますから，反転アンプに近い構成です。違いは抵抗 $R_i$ を流れた電流が出力側に流れる経路で，抵抗 $R_f$ とダイオード $D_2$ を通る経路と，ダイオード $D_1$ を通る経路の2つがあります。

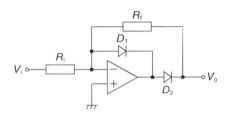

**図 11.11** 理想ダイオード回路

入力 $V_i$ が正のときは，オペアンプの出力は負となるはずなので，ダイオード $D_1$ は右側の方が電位が低いために順方向になるため，電流が流れます。その一方，ダイオード $D_2$ は逆方向で電流が流れませんので，抵抗 $R_f$ を通る経路は電流が流れないことになります。つまりオペアンプの出力の電流は，すべてダイオード $D_1$ を通って流れるために，この回路の出力電圧 $V_o$ はゼロとなります。

逆に入力 $V_i$ が負のときは，オペアンプの出力が正となりますから，ダイオード $D_1$ は逆方向なので電流は流れません。その一方，ダイオード $D_2$ は順方向となり，$R_i$ を通った電流は抵抗 $R_f$ を通る経路を通って出力側に現れます。これは普通の反転アンプと同じ電流の流れる経路ですから，このときの出力 $V_o$ は，反転アンプのときと同じく

$$V_o = -\left(\frac{R_f}{R_i}\right)V_i$$

となります。

#### 演習 11.7

図 11.11 の回路の $V_o$ と $V_i$ の関係を求め，$V_i$ に正弦波電圧を与えた場合のグラフを書いてみましょう。

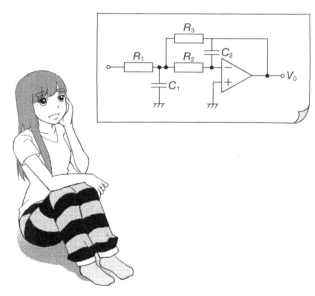

こんな複雑な回路でも，
オペアンプの定石回路だけで解けるんだねぇ

# 第12講 現実のオペアンプ

ここまでは理想的なオペアンプを考え，それを使った回路をいくつか見てきました。増幅率が無限大だったり，入力インピーダンスが無限大だったりすることで，回路の解析がとても単純化できたわけですが，実際に組み立てて，電源を加えて動かす電子回路としては，さすがにこのような理想的な特性は実現できなさそうです。そこでこの講では，オペアンプの理想と現実について見ていくことにしましょう。

## 12.1 オペアンプの増幅率の影響

理想オペアンプの特徴（定義）の1つが，オペアンプの増幅率 $A$ が無限大，ということでした。しかしさすがに無限大というのは実現が無理そうなので，この増幅率 $A$ が有限の値の場合に，オペアンプの回路の特性がどれぐらい理想から離れるのか，を考えてみましょう。例として非反転アンプをとりあげてみます。

図 12.1 が非反転アンプの回路ですが，オペアンプの増幅率 $A$ が有限の値と仮定をして解析をしてみましょう。第10講で最初に理想オペアンプの性質を定義したところを思い出すと，増幅率 $A$ が無限大であることから仮想ショートの性質が導かれていましたから，いまは仮想ショー

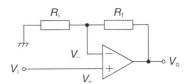

**図 12.1** 非反転アンプ（オペアンプの増幅率 $A$ が有限の場合）

トは使えません。そこでオペアンプの2つの入力端子の電圧を $V_+$, $V_-$ とおいたままで解析を進めましょう。つまりオペアンプ回路の解析の原点ともいえ，次のような式が成り立つはずです。

$$V_\mathrm{o} = A(V_+ - V_-)$$
$$V_+ = V_\mathrm{i}$$
$$V_- = \frac{R_\mathrm{i}}{(R_\mathrm{i} + R_\mathrm{f})V_\mathrm{o}}$$

ちょっと計算をして，これらの式から電圧増幅率 $A_v = V_\mathrm{o}/V_\mathrm{i}$ を求めると，

$$A_v = \frac{V_\mathrm{o}}{V_\mathrm{i}} = \frac{1}{\left(\dfrac{1}{A} + \dfrac{R_\mathrm{i}}{R_\mathrm{i} + R_\mathrm{f}}\right)}$$

となることが導かれます．ちなみに理想オペアンプは，この $A$ を無限大としたものですから，この式で $A$ を無限大とすれば，理想オペアンプを使った反転アンプの電圧増幅率 $A_v$ と一致するはずですし，実際そうなりますので，演習で実際にやってみましょう．

### 演習 12.1
この式を導いてみましょう．また $A$ を無限大とすると，これが理想オペアンプの非反転アンプの増幅率と一致することを示してみましょう．

　$A$ が無限大となれば理想オペアンプと一致するわけですから，$A$ が大きいほど理想オペアンプに近い，ということもできます．実際，計算をしてみると，$A$ が大きいほど，理想オペアンプの場合に近づくことが確認できます．演習で実際にやってみましょう．

### 演習 12.2
$R_\mathrm{i} = 1\,\mathrm{k\Omega}$，$R_\mathrm{f} = 9\,\mathrm{k\Omega}$ の非反転アンプの電圧増幅率 $A_v$ を，オペアンプの増幅率 $A$ が $A = 10^1$，$10^2$，$10^3$，無限大の場合のそれぞれについて求めてみて，$A$ が大きいほど理想オペアンプの場合に近づくことを確認しましょう．

　先ほどの電圧増幅率 $A_v$ の式の分母をみると，理想オペアンプの場合と近似ができるのは，$1/A$ が $R_\mathrm{i}/(R_\mathrm{i} + R_\mathrm{f})$ よりも十分小さい場合，つまり

$$A \gg 1 + \frac{R_\mathrm{f}}{R_\mathrm{i}}$$

の場合，とみることができます．この式の右辺は非反転アンプの電圧増幅率ですから，理想オペアンプの場合と近似できるのは，オペアンプの増幅率 $A$ が，それを使った回路（非反転アンプ）の増幅率よりも十分大きな場合，と表現することもできます．

## 12.2 オペアンプの入出力インピーダンスの影響

理想オペアンプの特徴には，入出力インピーダンスに関するものもありました。入力インピーダンス $Z_i$ は無限大で，出力インピーダンス $Z_o$ はゼロ，でしたが，これもさすがに現実の電子回路では無理そうです。そこでこの影響を考えてみましょう。

まずオペアンプそのものの等価回路を考えてみましょう。オペアンプの入力インピーダンス $Z_i$ と出力インピーダンス $Z_o$ は，出力電圧 $V_o$ を作る電圧源とともに，テブナンの定理から，図 12.2 のような等価回路で描けるはずです。$Z_i$ が無限大，$Z_o$ がゼロの場合が理想オペアンプですから，確かに入力端子には電流が流れず，出力は計算通りの $A(V_+ - V_-)$ が常に出力され，出力から流れ出る電流の大きさによって変わりません。

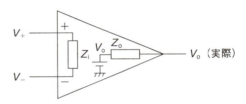

**図 12.2** オペアンプの等価回路

例としてボルテージフォロアの入出力インピーダンスを考えてみましょう。ボルテージフォロア自体をまとめて回路と考えると，図 12.3 のようにみなすことができます。左側の 2 つの端子に入力電圧 $V_i$ を与えると電流 $I_i$ が流れ，また右側の 2 つの端子には出力電圧 $V_o$ が現れて電流 $I_o$ が流れる，としましょう。信号を与える側からみたこの回路の特性，つまりこの「箱」の入力インピーダンス $Z_{in}$ は，第 4 講と同じように，$Z_{in} = V_i / I_i$ と定義するのでした。また出力インピーダンス $Z_{out}$ は，第 4 講を見返してもらうと，回路の出力がゼロとなる状態にして，出力端子に $V_o$ を加え，そこから流れる電流 $I_o$ との比 $Z_{out} = V_o / I_o$ を求めればよいのでした。

この定義に沿って，図 12.3 のボルテージフォロアの入出力インピーダンス

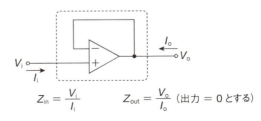

**図 12.3** ボルテージフォロアの入出力インピーダンスの定義

を求めてみましょう。オペアンプ自体の等価回路を含めたボルテージフォロア全体の回路は図12.4のようになります。この中の電圧電流の関係を求めてみると，

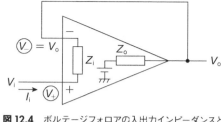

**図 12.4** ボルテージフォロアの入出力インピーダンスとオペアンプの等価回路

$$V_o = A(V_+ - V_-) + I_i Z_o$$

$$I_i = \frac{V_i - V_o}{Z_i}$$

$$V_+ - V_- = Z_i \cdot I_i$$

となります。これを解くと，

$$Z_{in} = \frac{V_i}{I_i} = (1 + A)Z_i + Z_o$$

となることが導かれます。ただ，$Z_o$ は $Z_i$ よりも十分小さい（理想的にはゼロと無限大の関係です）ので，$Z_o$ は無視してもよさそうです。また，$A$ も十分大きい（理想的には無限大です）ので，$(1 + A) = A$ と近似してもよいでしょう。したがって，ボルテージフォロアの入力インピーダンスは，

$$Z_{in} = AZ_i$$

となります。オペアンプ自身の入力インピーダンス $Z_i$ も増幅率 $A$ も，ともに無限大に近いくらい大きな値ですから，このボルテージフォロアの入力インピーダンス $Z_i$ は，さらに大きな値となります。

またボルテージフォロアの出力インピーダンス $Z_{out}$ は，さきほどの定義式にしたがえば，$V_i = 0$ とした状態で，図12.4の $V_o/I_o$ から求められます。図12.4の電圧と電流の関係を求めると，

$$I_o = \frac{V_o - A(V_+ - V_-)}{Z_o}$$

$$(V_+ - V_-) = -V_o$$

これを解くと，$I_o = (1 + A)V_o/Z_o$ となりますが，$A$ は十分大きいので，これを $I_o = AV_o/Z_o$ と近似をした上で出力インピーダンス $Z_{out}$ を求めると，

$$Z_{out} = \frac{V_o}{I_o} = \frac{Z_o}{A}$$

となります。つまりボルテージフォロアの出力インピーダンス $Z_{oout}$ は，もと

もと小さい（理想的にはゼロ）オペアンプ自体の出力インピーダンス $Z_o$ の，さらに $1/A$ 倍と，さらにゼロに近い，非常に小さな値となります。

　以上のような考え方は，オペアンプを使ったそのほかの回路でももちろん使えます。いずれも，オペアンプ自体の特性が理想的でない場合は，その回路の特性も理想からはずれてきますが，いずれもオペアンプの増幅率 $A$ の効果で，かなり理想に近づくことが導かれます。

### 演習 12.3

図 12.4 の回路から，ボルテージフォロアの入出力インピーダンスを自分で導いてみましょう。また非反転アンプや反転アンプに対しても，入出力インピーダンスを求めてみましょう。

## 12.3　オペアンプ入力に流れる電流とその影響

　現実のオペアンプの入力インピーダンス $Z_i$ は，理想と違って無限大ではないので，オペアンプの 2 つの入力端子には電流が少し流れるはずです。ではこの電流がどのような影響を及ぼすか，反転アンプを例に考えてみましょう。図 12.5 は，反転アンプに少し手を加えた回路で，オペアンプの（＋）入力に抵抗 $R_b$ がつながったものです。この回路で，図 12.5 のように，オペアンプの入力端子に電流 $I_{b+}$，$I_{b-}$ が流れる場合の，この回路の特性を求めてみましょう。この回路の中の電圧と電流の関係を求めると，

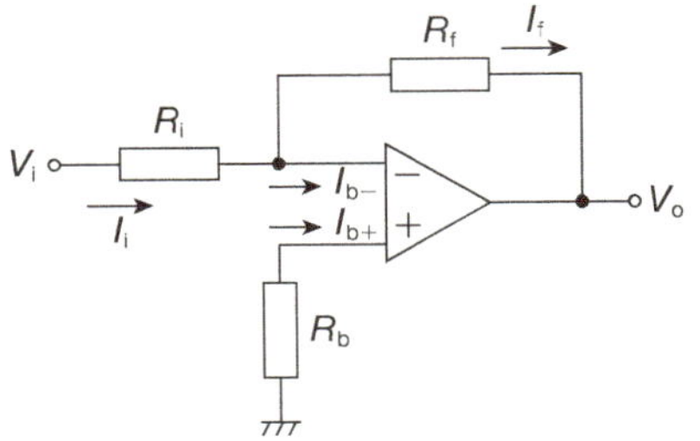

$$I_f = I_i - I_{b-}$$
$$V_- = -R_b \cdot I_{b+}$$
$$I_i = -\frac{V_i - V_-}{R_1}$$
$$V_o = V_- - I_f \cdot R_2$$

**図 12.5** 反転アンプの補正回路

これを解いて $V_o$ を求めると，

$$V_o = -\left(\frac{R_2}{R_1}\right)V_i - \left(\frac{R_1 + R_2}{R_1}\right) \cdot R_b \cdot I_{b+} + R_2 I_{b-}$$

となります。この式の最初の項は，理想オペアンプの反転アンプの出力です

から，それ以外の項が，オペアンプの入力端子に流れる電流の影響（理想からのずれ）ということになります。

ところでこの回路でオペアンプの（＋）につながっている $R_\mathrm{b}$ ですが，これを $R_\mathrm{b} = R_1 \cdot R_2 / (R_1 + R_2)$ と設定してみましょう．これを代入すると，

$$V_\mathrm{o} = -\left(\frac{R_2}{R_1}\right) V_\mathrm{i} - R_2 (I_{\mathrm{b}+} - I_{\mathrm{b}-})$$

と，だいぶ簡単な式になります．詳しくはもう少し先でみますが，現実のオペアンプでは，2 つの入力端子に流れる電流 $I_{\mathrm{b}+}$，$I_{\mathrm{b}-}$ は，一般にほぼ同じ値となる，という性質があります．つまり $I_{\mathrm{b}+}$ や $I_{\mathrm{b}-}$ が流れていても，ほぼ $I_{\mathrm{b}+} = I_{\mathrm{b}-}$ であるわけですから，この場合の $V_\mathrm{o}$ の，理想オペアンプ回路からのずれである $R_2(I_{\mathrm{b}+} - I_{\mathrm{b}-})$ はほぼゼロとなる，かなり理想オペアンプの場合に近づくことになります．これは，現実のオペアンプで入力端子に電流が流れるものの，その両者がほぼ等しいという性質をうまく使って，理想からのずれを小さく抑える回路構成の工夫，ということができます．

## 12.4 現実のオペアンプの特性

ここまでは，オペアンプが理想ではない特性をもつ場合に，オペアンプを使った回路の特性が理想からどうずれるか，を見てきました．ここでは，実際に電子回路として使われるオペアンプ自体が理想とどの程度ずれているかを，例を交えてみてみましょう．実際の電子回路としてのオペアンプは，図 12.6 のような電子部品として販売されていますので，これらを買って回路を組むことになります．このような電子部品としてのオペアンプの中で，よく使われる RC4558 と TL072 という型番の 2 種類オペアンプについて，それらの特性をみていくことにしましょう．図 12.7 と図 12.8 は，これらのオペアンプのデータシート（仕様書）の一部を抜き出したものです．英文で書いてあるので読みにくいかと思いますが，用語だけわかってしまえば，英文としては簡単なので，ぜひ用語をマスターして，このような

**図 12.6** 実際に使われるオペアンプの例

TEXAS INSTRUMENTS
www.ti.com

**RC4558**
**DUAL GENERAL-PURPOSE OPERATIONAL AMPLIFIER**
SLOS073E – MARCH 1976 – REVISED FEBRUARY 2006

### Absolute Maximum Ratings[(1)]

over operating free-air temperature range (unless otherwise noted)

| | | | MIN | MAX | UNIT |
|---|---|---|---|---|---|
| $V_{CC+}$ | Supply voltage[(2)] | | | 18 | V |
| $V_{CC-}$ | | | | −18 | |
| $V_{ID}$ | Differential input voltage[(3)] | | | ±30 | V |
| $V_I$ | Input voltage (any input)[(2)(4)] | | | ±15 | V |
| | Duration of output short circuit to ground, one amplifier at a time[(5)] | | | Unlimited | |
| $\theta_{JA}$ | Package thermal impedance[(6)(7)] | D package | | 97 | °C/W |
| | | DGK package | | 172 | |
| | | P package | | 85 | |
| | | PS package | | 95 | |
| | | PW package | | 149 | |
| $T_J$ | Operating virtual junction temperature | | | 150 | °C |
| $T_{stg}$ | Storage temperature range | | −65 | 150 | °C |

(1) Stresses beyond those listed under *Absolute Maximum Ratings* may cause permanent damage to the device. These are stress ratings only, and functional operation of the device at these or any other conditions beyond those indicated under *Recommended Operating Conditions* is not implied. Exposure to absolute-maximum-rated conditions for extended periods may affect device reliability.
(2) All voltage values, unless otherwise noted, are with respect to the midpoint between $V_{CC+}$ and $V_{CC-}$.
(3) Differential voltages are at IN+ with respect to IN−.
(4) The magnitude of the input voltage must never exceed the magnitude of the supply voltage or 15 V, whichever is less.
(5) Temperature and/or supply voltages must be limited to ensure that the dissipation rating is not exceeded.
(6) Maximum power dissipation is a function of $T_J$ (max), $\theta_{JA}$, and $T_A$. The maximum allowable power dissipation at any allowable ambient temperature is $P_D = (T_J (max) - T_A)/\theta_{JA}$. Operating at the absolute maximum $T_J$ of 150°C can affect reliability.
(7) The package thermal impedance is calculated in accordance with JESD 51-7

### Recommended Operating Conditions

| | | | MIN | MAX | UNIT |
|---|---|---|---|---|---|
| $V_{CC+}$ | Supply voltage | | 5 | 15 | V |
| $V_{CC-}$ | | | −5 | −15 | |
| $T_A$ | Operating free-air temperature | RC4558 | 0 | 70 | °C |
| | | RC4558I | −40 | 85 | |

**図 12.7** RC4558 のデータシートの一部(Texas Instruments 社)

**electrical characteristics, $V_{CC\pm} = \pm 15$ V (unless otherwise noted)**

| PARAMETER | | TEST CONDITIONS† | | $T_A$‡ | TL071C TL072C TL074C MIN | TYP | MAX | TL071AC TL072AC TL074AC MIN | TYP | MAX | TL071BC TL072BC TL074BC MIN | TYP | MAX | TL071I TL072I TL074I MIN | TYP | MAX | UNIT |
|---|---|---|---|---|---|---|---|---|---|---|---|---|---|---|---|---|---|
| $V_{IO}$ | Input offset voltage | $V_O = 0$, | $R_S = 50\ \Omega$ | 25°C | | 3 | 10 | | 3 | 6 | | 2 | 3 | | 3 | 6 | mV |
| | | | | Full range | | | 13 | | | 7.5 | | | 5 | | | 8 | |
| $\alpha_{VIO}$ | Temperature coefficient of input offset voltage | $V_O = 0$, | $R_S = 50\ \Omega$ | Full range | | 18 | | | 18 | | | 18 | | | 18 | | μV/°C |
| $I_{IO}$ | Input offset current | $V_O = 0$ | | 25°C | | 5 | 100 | | 5 | 100 | | 5 | 100 | | 5 | 100 | pA |
| | | | | Full range | | | 10 | | | 2 | | | 2 | | | 2 | nA |
| $I_{IB}$ | Input bias current§ | $V_O = 0$ | | 25°C | | 65 | 200 | | 65 | 200 | | 65 | 200 | | 65 | 200 | pA |
| | | | | Full range | | | 7 | | | 7 | | | 7 | | | 20 | nA |
| $V_{ICR}$ | Common-mode input voltage range | | | 25°C | ±11 | −12 to 15 | | ±11 | −12 to 15 | | ±11 | −12 to 15 | | ±11 | −12 to 15 | | V |
| $V_{OM}$ | Maximum peak output voltage swing | $R_L = 10\ k\Omega$ | | 25°C | ±12 | ±13.5 | | ±12 | ±13.5 | | ±12 | ±13.5 | | ±12 | ±13.5 | | V |
| | | $R_L \geq 10\ k\Omega$ | | Full range | ±12 | | | ±12 | | | ±12 | | | ±12 | | | |
| | | $R_L \geq 2\ k\Omega$ | | | ±10 | | | ±10 | | | ±10 | | | ±10 | | | |
| $A_{VD}$ | Large-signal differential voltage amplification | $V_O = \pm 10$ V, | $R_L \geq 2\ k\Omega$ | 25°C | 25 | 200 | | 50 | 200 | | 50 | 200 | | 50 | 200 | | V/mV |
| | | | | Full range | 15 | | | 25 | | | 25 | | | 25 | | | |
| $B_1$ | Unity-gain bandwidth | | | 25°C | | 3 | | | 3 | | | 3 | | | 3 | | MHz |
| $r_i$ | Input resistance | | | 25°C | | $10^{12}$ | | | $10^{12}$ | | | $10^{12}$ | | | $10^{12}$ | | Ω |
| CMRR | Common-mode rejection ratio | $V_{IC} = V_{ICR}min$, $V_O = 0$, | $R_S = 50\ \Omega$ | 25°C | 70 | 100 | | 75 | 100 | | 75 | 100 | | 75 | 100 | | dB |
| $k_{SVR}$ | Supply-voltage rejection ratio ($\Delta V_{CC\pm}/\Delta V_{IO}$) | $V_{CC} = \pm 9$ V to $\pm 15$ V, $V_O = 0$, | $R_S = 50\ \Omega$ | 25°C | 70 | 100 | | 80 | 100 | | 80 | 100 | | 80 | 100 | | dB |
| $I_{CC}$ | Supply current (each amplifier) | $V_O = 0$, | No load | 25°C | | 1.4 | 2.5 | | 1.4 | 2.5 | | 1.4 | 2.5 | | 1.4 | 2.5 | mA |
| $V_{O1}/V_{O2}$ | Crosstalk attenuation | $A_{VD} = 100$ | | 25°C | | 120 | | | 120 | | | 120 | | | 120 | | dB |

† All characteristics are measured under open-loop conditions with zero common-mode voltage, unless otherwise specified.
‡ Full range is $T_A$ = 0°C to 70°C for TL07_C, TL07_AC, TL07_BC and is $T_A$ = −40°C to 85°C for TL07_I.
§ Input bias currents of an FET-input operational amplifier are normal junction reverse currents, which are temperature sensitive, as shown in Figure 4. Pulse techniques must be used that maintain the junction temperature as close to the ambient temperature as possible.

TEXAS INSTRUMENTS
POST OFFICE BOX 655303 • DALLAS, TEXAS 75265

TL071, TL071A, TL071B, TL072
TL072A, TL072B, TL074, TL074A, TL074B
LOW-NOISE JFET-INPUT OPERATIONAL AMPLIFIERS
SLOS080J – SEPTEMBER 1978 – REVISED MARCH 2005

7

**図 12.8** TL072 のデータシートの一部(Texas Instruments 社)

データシート（の要点）を読むことに，少しずつ慣れていくとよいでしょう。いろいろな項目ごとに，その特性が表やグラフにまとまっていますので，以下で順にみていきましょう。

### 12.4.1 絶対最大定格

まず電子部品としてのオペアンプは，それ自体が精密な電子回路ですので，あまり大きな電源電圧を加えたりすると壊れてしまいます。これは，データシートでは「絶対最大定格（Absolute Maximum Ratings）」という項目として，これを超えると壊れますよ，という限界が指定されています。実際にオペアンプを使った回路を作って使うときには，これを超えないように注意しなければなりません。この絶対最大定格は，電源電圧（Supply Voltage）や入力電圧（Input Voltage）などの項目ごとに指定されています。

#### 演習 12.4

http://www.ti.com/ （TexasInstruments 社）から，Search（検索）で RC4558 と TL072 のデータシートをダウンロードして，それぞれの絶対最大定格の中の電源電圧と入力電圧，動作させる温度の範囲を読み取ってみましょう。

### 12.4.2 入力オフセット電圧

オペアンプは絶対最大定格を超えない範囲で使うわけですが，これは超えてはいけない一線で，実際にはこれに対して多少余裕をもたせた範囲で使うことになります。そのような，多少余裕をもって使う範囲で，オペアンプがどのような特性をもつかは，データシートには「電気的特性（Electrical Characteristics）」として，標準的な特性や性能などがまとめられています。以下，代表的なものを順にみていくことにしましょう。

理想的なオペアンプでは，2つの入力を厳密に全く同じ電圧にすれば出力電圧も 0 V となるはずですが，現実のオペアンプでは，さまざまな要因によって，出力は 0 V とはなりません。この想からのずれを，図 12.9 のように考えましょう。つまりオペ

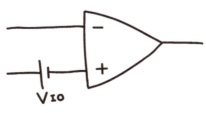

**図 12.9** 入力オフセット電圧

アンプの入力端子の中に $V_{IO}$ という電圧源が入っていて，外からは2つの入力端子に同じ電圧 (電位差ゼロ) を与えても出力が現れる，と考えるわけです。この内部にある $V_{IO}$ の分を相殺するように，2つの入力端子に電位差 $-V_{IO}$ を与えれば，出力はゼロとなります。このような，仮想的に入力端子の中にあると考える電圧源の電圧 $V_{IO}$ を「入力オフセット電圧 (Input Offset Voltage)」と呼びます。

実際のオペアンプである RC4558 のデータシートには，入力オフセット電圧は図 12.10 のように載っています。この表には，MIN (最小値)，TYP (標準値)，MAX (最大値) の3つの欄があり，UNIT (単位) とともに数値が載っています。図 12.10 から読み取ると，$T_A$ (動作温度) が 25°C (夏場のだいぶ冷房がきいた部屋の室温くらいでしょうか) のときに，TYP が 0.5 mV，MAX が 6 mV，と載っています。TYP は標準値ですから，この RC4558 は平均的にはこの 0.5 mV 程度の入力オフセット電圧をもつ，と考えてよさそうです。ただし実際の回路設計では，これよりも最大値である MAX のほうが重要です。MAX は，買ってきた RC4558 の入力オフセット電圧は，これを超えるものはない，というメーカー保証値であるわけです。入力オフセット電圧は理想からのずれですから，これが大きいのは「ハズレ」のオペアンプといえますが，このようなハズレを引く確率はゼロではない以上，ちゃんと動作する回路を，それこそ製品レベルで作る場合には，保証値である MAX の値でも正しく動作する回路を設計をしなければいけないことになります。

ところでこの欄には，MIN (最小値) が空欄となっています。理想オペアンプでは入力オフセット電圧はゼロですから，これは小さいほど理想的であるといえます。極端な話，入力オフセット電圧がぴったり 0 V の RC4558 は，大アタリといえます。メーカー保証値としては，悪いほうの限界 (MAX) は保証していますが，良いほうの限界は，どれぐらい小さいものが製造できるかは，確率現象なので，正直わかりませんし，そもそも小さいほどうれしいので，小さくて文句はありません。そのため MIN の欄は空欄となっています。

| PARAMETER | | TEST CONDITIONS(1) | $T_A$(2) | MIN | TYP | MAX | UNIT |
|---|---|---|---|---|---|---|---|
| $V_{IO}$ | Input offset voltage | $V_O = 0$ | 25°C | | 0.5 | 6 | mV |
| | | | Full range | | | 7.5 | |

**図 12.10** RC4558 のデータシート内の入力オフセット電圧の表 (Texas Instruments 社)

この入力オフセット電圧が，オペアンプを使った回路でどのように影響してくるかは，$V_{IO}$ を含む回路で考えることで求めることができます。

### 演習 12.5

図 12.11 のような入力オフセット電圧を含む反転アンプの出力電圧の，入力オフセット電圧の影響，つまり理想オペアンプの場合からのずれを求めてみましょう。

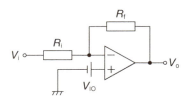

**図 12.11** 入力オフセット電圧を含む反転アンプ

### 12.4.3 入力バイアス電流・入力オフセット電流

理想的なオペアンプでは，2 つの入力には電流は流れませんが，現実のオペアンプでは，多少の電流が流れます。これは，図 12.12 のように，理想オペアンプの入力端子に電流源がつながっているものとしてモデル化することができます。これらの電流を「入力バイアス電流（Input Bias Current）」と呼び，（＋）入

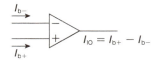

**図 12.12** 入力バイアス電流・入力オフセット電流

力側，（－）入力側それぞれを $I_{b+}$, $I_{b-}$ と書くことにします。データシートには両者の平均値が載っていて，例えば RC4558 では図 12.13 のように（$I_{IB}$ と表記されている），TYP で 150 nA，MAX で 500 nA であることがわかります。なお入力バイアス電流の向きは，オペアンプに流れ込む方向を正と定義します。

この 2 つの入力バイアス電流の差（の絶対値）のことを，「入力オフセット電流（Input Offset Current）」と呼び，$I_{IO}$ と書きます。図 12.10 のデータシートの表から，RC4558 で TYP で 5 nA，MAX で 200 nA であることがわかります。この入力オフセット電流をさきほどの入力バイアス電流と比べると，

| | | | 25°C | | 5 | 200 | nA |
|---|---|---|---|---|---|---|---|
| $I_{IO}$ | Input offset current | $V_O = 0$ | Full range | | | 300 | |
| $I_{IB}$ | Input bias current | $V_O = 0$ | 25°C | | 150 | 500 | nA |
| | | | Full range | | | 800 | |

**図 12.13** RC4558 のデータシート内の入力バイアス電流・入力オフセット電流の表（Texas Instruments 社）

TYPで1/30程度とかなり小さいことがわかります。つまり2つの入力端子には，そこそこ大きな入力バイアス電流が流れますが，その差は小さい，つまり大きさはあまり差がないことがわかります。その原因はオペアンプの内部構造と深く関連しています。

オペアンプの中身の中心は，第7講でみてきた差動増幅回路です。2個のトランジスタを使う差動増幅回路は，2つの入力電圧の差に比例した出力を得るものでしたが，これはまさにオペアンプの特性そのものです。この差動増幅回路の入力端子は，第7講でみたようにトランジスタのベース端子ですから，必ずベース電流が流れ，これが入力バイアス電流の正体であるわけです。しかし2つのトランジスタの特性は同じですから，両者のベース電流はほぼ同じ，つまりその差である入力オフセット電流は，ベース電流である入力バイアス電流よりはずっと小さいことになります。なおこの本では扱いませんが，入力バイアス電流は，使うトランジスタの種類によっても大きく異なり，電界効果トランジスタと呼ばれるトランジスタを用いたオペアンプでは，一般に入力バイアス電流は大幅に（3桁以上）小さくなります。

### 演習 12.6
オペアンプTL072のデータシートから，入力バイアス電流と入力オフセット電流を読み取り，RC4558の値との違いを比較してみましょう。

### 12.4.4　同相入力電圧範囲

オペアンプは，2つの入力の電圧の差を増幅するものですから，例えば2つの端子がともに0Vでも10Vでも100Vでも，差はゼロという意味では同じはずです。しかし現実のオペアンプが正しく動作するためには，2つの入力端子の電圧の範囲には制限があります。この範囲を，「同相入力電圧範囲（Commom-mode Input Voltage Range）」と呼びます。

### 演習 12.7
RC4558とTL072のデータシートから，同相入力電圧範囲を読み取ってみましょう。

### 12.4.5 電圧増幅率

オペアンプの本来の性質は，2つの入力の電圧の差を $A$ 倍にしたものを出力する，というものでした．理想オペアンプではこの $A$ は無限大であるわけですが，現実のオペアンプでは有限の値となります．データシートでは，この値は「差動電圧利得 (Differential Voltage Gain Amplification)」という項目として載っています．図 12.14 の RC4558 のデータシートから，$A_\mathrm{VD}$ として MIN（最小値）と TYP（標準値）が載っています．MAX が載っていないのは，入力オフセット電圧などにおける MIN が空欄であるのと同じで，この $A_\mathrm{VD}$ は大きいほど理想的なので，その最大値は定義できないわけです．あえて書くならば無限大というところでしょうか．

さてこの表では MIN が 20 となっていますが，その単位が「V/mV」となっています．これは単位が表すように，1 mV の入力に対して何 V の出力が得られるか，を表す値です．この例では 1 mV の入力に対して 20 V，つまり 20,000 mV の出力が得られることになりますから，倍率としては 20,000 倍ということができます．

#### 演習 12.8

RC4558 と TL072 のデータシートから電圧増幅率を求め，それを「倍」および「dB」を単位として求めてみましょう．

### 12.4.6 ユニティ・ゲイン周波数

ここまでは，回路が扱う正弦波の周波数についてはあまり気にしてきませんでした．詳しくは次の第 13 講でみていきますが，一般に回路の特性は，扱う信号の周波数によって大きく変わります．理想的なオペアンプでは，どのような周波数の入力信号であっても，理想的に増幅した出力が得られるはずです．しかし現実のオペアンプでは，あまり高い周波数の信号では，得られる出力の振幅がどんどん小さくなってしまう現象がみられます．これはオペアンプの電圧増幅率（差動電圧利得）が周波数と共に下がるのが原因です．なぜこのように周波数とともに電圧増幅率が下がるのか，については第 15 講まで待つとして，ここではその特性を表すデータシートの項目をみていきます．

図 12.14 の RC4558 のデータシートには，「ユニティ・ゲイン帯域幅 (Unity-gain Bandwidth)」$B_1$ という値として，TYP で 3 MHz という値が載っています

| | | | | | | |
|---|---|---|---|---|---|---|
| $A_{VD}$ | Large-signal differential voltage amplification | $R_L \geq k\Omega$, $V_O = \pm 10$ V | 25°C | 20 | 300 | V/mV |
| | | | Full range | 15 | | |
| $B_1$ | Unity-gain bandwith | | 25°C | | 3 | MHz |
| $r_i$ | Input resistance | | 25°C | 0.3 | 5 | MΩ |

**図 12.14** RC4558 のデータシート内の電圧増幅率（Texas Instruments 社）

| | | | | | |
|---|---|---|---|---|---|
| $B_1$ | Unity-gain bandwith | | 25°C | 3 | MHz |

**図 12.15** RC4558 のデータシート内のユニティ・ゲイン（Texas Instruments 社）

（図 12.15）。帯域幅（bandwidth）とは，とりあえずは周波数とほぼ同じ意味と考えてもらってかまいません（正確には第 13 講で紹介するカットオフ周波数のことです）。ユニティ（unity）とは単一，つまり 1 倍のことですから，ユニティ・ゲインは，増幅率が 1 倍，という意味ですので，このユニティ・ゲイン帯域幅 $B_1$ は，オペアンプの電圧増幅率が 1 倍まで下がってしまう周波数，ということができます。ちなみに 12.4.5 で紹介した電圧増幅率 $A_{VD}$ は，直流信号（周波数がゼロで時間とともに変化しないの信号）に対する電圧増幅率です。

ちなみに詳しくは第 15 講でみていきますが，オペアンプの電圧増幅率が，扱う信号の周波数とともにどう変わるかは，図 12.16 のようなグラフとなることが導かれます。ある周波数 $f_1$ よりも高い周波数では，周波数の増加とともに電圧増幅率が減少していき，マス目を数えると，その傾きは $-1$ であることがわかります。このグラフは縦軸も横軸も対数軸の両対数グラフであることに注意してください。第 1 講でみたように両対数軸グラフでは，$y = x^n$ が傾き $n$ のグラフになりますので，この図 12.16 のグラフの傾きが $-1$ といことは，電圧増幅率が周波数の $-1$ 乗に比例，つまり反比例することがわかります。

### 演習 12.9

RC4558 の電圧増幅率 $A_{VD}$ とユニティ・ゲイン帯域幅 $B_1$ か

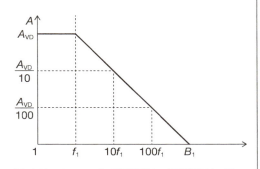

**図 12.16** オペアンプの電圧増幅率の周波数特性の例

第 12 講　現実のオペアンプ

ら，電圧利得が下がり始める周波数 $f_1$ を求めてみましょう。

### 12.4.7 スルーレート

オペアンプを用いた回路，例えば非反転アンプで，入力電圧が図 12.17 のようにステップ状に変化すれば，それに応じた出力電圧も同じようにステップ状に変化するはずです。しかし現実のオペアンプでは，出力電圧の変化はステップ状にはならず，図 12.17 のように傾きをもって変化してしまいます。これは，いくらオペアンプが入力電圧に応じて急激に出力電圧を変化させようとしても，電圧変化は負荷である抵抗やコンデンサの充放電を行いますので，物理的に時間がかかる，つまり出力の変化が入力に追い付かないのが原因です。この傾きのことを「スルーレート (slew rate)」$SR$ と呼びます。

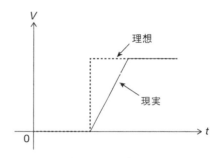

このスルーレートは，オペアンプが目いっぱいがんばって出力を速く変化させようとしたときの限界値，ということができます。オペアンプ

**図 12.17** 現実のオペアンプの出力信号の変化

の回路の出力が図 12.18 のような正弦波の場合は，オペアンプの出力の変化が一番速いところ，つまり一番オペアンプのスルーレートにひっかかりそうなところは，グラフの傾き（微分係数）が最大のところですから，電圧がゼロになるところです。これをもう少し定量的に考えてみましょう。オペアンプ回路の出力電圧 $V_o$ が正弦波として，その振幅を $A$，周波数を $f$ とすると，$V_o$ は

$$V_o = A\sin(2\pi f t)$$

と書くことができます。この変化の傾き，つま

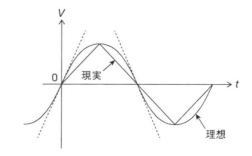

**図 12.18** オペアンプの出力が正弦波の場合の最大の傾きと，スルーレートによる速度制限が原因の波形の歪み

り微分係数は $dV_o/dt$ ですから，

$$\frac{dV_o}{dt} = 2\pi f A \cos(2\pi f t)$$

となり，その最大値は $t=0$ のときで $2\pi fA$ となります。これが，この回路が扱いうる最も急速な出力電圧変化です。オペアンプはスルーレート $SR$ までの電圧変化は追い付きますから，この $2\pi fA$ がスルーレート以下であれば，この回路は正常な正弦波を出力することができることになります。つまりこの条件は

$$2\pi f A \leq SR \quad \rightarrow \quad f \leq \frac{SR}{2\pi A}$$

と書くことができます。ただしオペアンプのデータシートを見ていただくとわかるのですが，スルーレートは通常は [V/μs] を単位として表記します。例えば $SR = 1$ V/μs ということは，1 μs で 1V 変化する割合，ですから，1 秒間には $10^6$ V 変化する割合と同じです。つまり V/s を単位とすれば，$10^6$ V/s ということになります。

### 演習 12.10

データシートによれば RC4558 のスルーレートは 1.7 V/μ（TYP）です。この RC4558 を使った 10 倍の非反転アンプで入力電圧に振幅が 1 V の正弦波を与える場合，出力電圧が歪まない正しい正弦波となる最大の周波数を求めてみましょう。

## 12.4.8 入力インピーダンス

現実のオペアンプの 2 つの入力には，入力バイアス電流が流れるのでした。これは等価的に，2 つの入力の間に抵抗（インピーダンス）がつながっている，つまり入力インピーダンスが無限大ではない，と考えることができます。この入力インピーダンス（Input impedance（resistance））もデータシートに載っていて，理想的には無限大ですが，現実のオペアンプではそれなりの値をとり，かつ入力バイアス電流のところで紹介したように，オペアンプ自身の回路構成によっても大きく変わります。

第 12 講　現実のオペアンプ

### 演習 12.11

RC4558 の TL072 のデータシートから，入力インピーダンスを読み取ってみましょう。

# 第13講 フィルタ回路とボーデ線図

前の第12講で少し,回路が扱う信号の周波数と回路の特性の関連について触れましたが,この講では,もっと詳しく見ていきましょう。

## 13.1 インピーダンスと一次RCローパスフィルタ

この本の最初の第1講で,インピーダンスについて復習しました。一応もう一度確認しておくと,ある素子に周波数 $f$ の正弦波の電圧 $v$ を加えたときに流れる電流 $i$ に対して,$\omega = 2\pi f$ を角周波数と呼び,その両者の比 $Z = v/i$ を,その素子のインピーダンスと呼ぶのでした。抵抗に対してこのインピーダンス $Z$ を求めると,オームの法則から抵抗値そのものになります。つまりインピーダンスは「抵抗のようなもの」と考えればよいのでした。またインピーダンスは複素数となる場合もあり,その場合は,電圧と電流の位相,つまり変化のタイミングのずれを表します。例えばコンデンサ $C$ のインピーダンス $Z_C$ は,静電容量 $C$ に対して $Z_C = 1/j\omega C$ となるのでした。このインピーダンスの絶対値 $|Z_C|$,つまりコンデンサの両端電圧と流れる電流の振幅の比は,角周波数 $\omega$,つまり周波数 $f$ によって変わる,と見ることもできます。ちなみに抵抗 $R$ のインピーダンスは $R$ で,$\omega$ が含まれませんから,周波数によらずに一定です。

次に,図13.1のような回路を考えてみましょう。抵抗 $R$ とコンデンサ $C$ からなる回路に入力 $v_i$ を与え,出力 $v_o$ が得られています。この回路の特性は,増幅器の場合と同じように,入出力の電圧比 $v_o/v_i$ として定義することにしましょう。いま考えている回路では,扱う信号の周波数 $f$ に対して回路の特性がどのように変わるか,を考えようとしていますから,この $v_o/v_i$ も周波数 $f$ によって

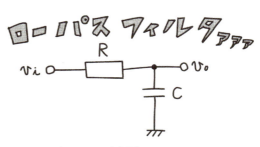

**図13.1** 一次 RC フィルタ(LPF)

変わることになります。このように周波数によって特性が変わる回路での $H = v_o/v_i$ のことを**伝達関数**と呼ぶことにしましょう。増幅器の場合は電圧増幅率そのものですが、一般には $H$ は扱う信号の周波数 $f$、または角周波数 $\omega$ によって変わりますので、$\omega$ の関数となります。つまり $H(\omega)$ と書くべきものです。

では図 13.1 の回路の伝達関数 $H(\omega)$ を求めてみましょう。インピーダンスが「抵抗のようなもの」と考えれば、入力 $v_i$ が抵抗とコンデンサという 2 つのインピーダンスによって分圧されたものが出力 $v_o$、と見ることができますので、

$$H(\omega) = \frac{v_o}{v_i} = \frac{1/j\omega C}{R + (1/j\omega C)} = \frac{1}{1 + j\omega CR}$$

と求められます。確かに $H(\omega)$ は $\omega$ が含まれた式となりました。

ではこの $H(\omega)$ の性質を調べていきましょう。この $H(\omega)$ は $j$ (虚数単位) が含まれた式ですから、複素数です。複素数の性質をそのまま直感的に理解するのはなかなか困難ですから、その絶対値 $|H(\omega)|$ と偏角 $\arg(H(\omega))$ に分けてその特性を調べることにしましょう。これらはそれぞれ

$$|H(\omega)| = \frac{1}{\sqrt{1 + (\omega CR)^2}}$$

$$\arg(H(\omega)) = \tan^{-1}(-\omega CR)$$

となります。$H(\omega)$ が $\omega$ に対してどう変わるかは、これら 2 つの $\omega$ に対するグラフを描けば、なんとなくわかりそうです。といっても $\sqrt{\phantom{x}}$ があったり $\tan^{-1}$ があったりと、そのままグラフを描くのはちょっと面倒そうです。そこで、まずはおおまかな傾向をみてみましょう。$H(\omega)$ の分母には、実部 (1) と虚部 ($\omega CR$) がありますので、複素数としての $H(\omega)$ の特性は、この両者の比で決まりそうです。つまり実部が虚部よりも十分に大きければ、相対的に虚部は無視できますし、逆ならば実部は無視できそうです。そこで、実部と虚部の大小関係に応じて、3 つの場合に分けて考えてみましょう。

まず実部が虚部よりも十分大きい、つまり $1 \gg \omega CR$ の場合です。(「$\gg$」は十分大きいことを表す不等号) この場合は、虚部が無視できますので、

$$H(\omega) = \frac{1}{1} = 1$$

と近似できます。つまり $|H(\omega)| = 1$、$\arg(H(\omega)) = 0$ です。

逆に虚部が実部よりも十分大きい，つまり $1 \ll \omega CR$ の場合は，逆に実部が無視できますから，

$$H(\omega) = \frac{1}{j\omega CR}$$

と近似できます。つまり $|H(\omega)| = 1/\omega CR$，$\arg(H(\omega)) = -90$ 度です。この場合は，$|H(\omega)|$ は $\omega$ に対して反比例することになります。

そしてこの両者の中間，つまり実部と虚部が等しい $1 = \omega CR$ の場合は，

$$H(\omega) = \frac{1}{1+j}$$

となりますから，$|H(\omega)| = 1/\sqrt{2}$，$\arg|H(\omega)| = -45$ 度となります。

これらを横軸を $\omega$ としてグラフに描くと，図 13.2 のような感じになるはずです。グラフは $\omega = 1/RC$ を境界として 3 つの領域に分かれ，それぞれでグラフの形状や一定値が変わります。特に $\omega \gg 1/RC$ の右側の領域での $|H(\omega)|$ は $\omega$ に反比例しますから，両対数グラフで描けば，傾きが $-1$ のグラフとなります。3 つの領域の境界付近は，それらしく繋いでおくことにしましょう。このような近似がどうも落ち着かない人は，$|H(\omega)|$ や $\arg(H(\omega))$ を微分して増減表を描いてグラフを描いたり，Excel などを使ってグラフを描いてみるといいと思います。結果として図 13.2 と同じようなグラフが得られ，近似もそれほど悪くないことがわかるでしょう。このグラフでは，1 つの横軸 $\omega$ に対して，上半分に $|H(\omega)|$，下半分に $\arg(H(\omega))$ のグラフを描いています。これは $\omega$ に対する $|H(\omega)|$ と $\arg(H(\omega))$ の変化を関連付けながら理解しやすくするための工夫で，このようなグラフを**ボーデ線図**と呼びます。

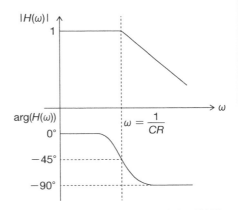

**図 13.2** 図 13.1 の回路の伝達関数 $H(\omega)$ の絶対値と偏角のグラフの概略

第 13 講　フィルタ回路とボーデ線図

### 演習 13.1

図 13.1 の回路で $R = 1\,\text{k}\Omega$, $C = 1\,\mu\text{F}$ の場合のカットオフ周波数を求め，$H(\omega)$ のボーデ線図を描いてみましょう。

　この回路の特性は，$\omega = 1/CR$ において大きく変わることがわかりました。この境界となる周波数 $f_c$ を「カットオフ周波数」と呼びます。$\omega = 2\pi f$ ですから，$f_c = 1/2\pi CR$ となります。$\omega_c = 2\pi f_c = 1/RC$ とおけば，伝達関数 $H(\omega)$ は

$$H(\omega) = \frac{1}{1 + j\left(\dfrac{\omega}{\omega_c}\right)}$$

と書くことができます。この $f_c$ よりも高い周波数の信号に対しては，$|H(\omega)|$ が周波数の増加とともに小さくなります。$|H(\omega)|$ は入力に対する出力の振幅比でしたから，$|H(\omega)|$ が小さくなるということは，同じ振幅の入力を与えていても，出力の振幅が周波数とともに小さくなることを意味します。逆に周波数が $f_c$ よりも低い信号は，ほぼ $|H(\omega)| = 1$ ですからそのまま通すことになります。つまり周波数が $f_c$ よりも低い信号は通し，$f_c$ よりも高い信号は通さない，ということができますので，このような回路を「ローパスフィルタ (Low Pass Filer)」と呼び，LPF と略します。周波数が低い (low) 信号を通す (pass) フィルタ (filter) という意味です。この図 13.1 の回路は R と C からできていて，また $H(\omega)$ が $\omega$ の一次式なので，「一次 RC LPF」と呼ぶことにしましょう。

　フィルタというのは，信号の周波数によって信号が通過するかどうか，つまり $H(\omega)$ が変わる回路の総称ですが，これはコーヒーフィルタのフィルタと同じ意味の言葉です。コーヒーフィルタは，コーヒー粉と液体（コーヒー）が混じった状態から，液体のコーヒーだけを透過してコーヒー粉を通さずに分離するものです。LPF 回路も，信号の周波数によって通過の度合いが変わりますから，図 13.3 のように，2 種類以上の周波数の信号が重ねあわさった（混じった）状態の信号から，周波数が $f_c$ 以下の信号のみを分離することができます。分離する対象の信号は，必ずしも 2 つの周波数の信号の重ね合わせに限りません。例えば図 13.3 のように方形波の入力を与えた場合を考えましょう。方形波の波形 $V(t)$ は，フーリエ展開によって，さまざまな周波数の正弦波の和として次のように表現することができます。

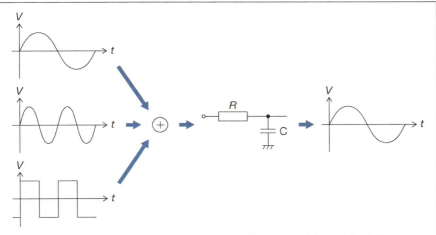

**図 13.3** LPF に 2 種類の周波数が混じった信号を通すと分離される。方形波も正弦波に分離される。

$$V(t) = \frac{4}{\pi} \sum_{n=1}^{\infty} \frac{1}{2n-1} \sin 2\pi f_1 (2n-1)t$$

　ここで LPF のカットオフ周波数 $f_c$ を，この方形波の最も低い周波数成分 $f_1$ に設定すれば，2 番目よりも高い周波数成分である 2 項目以降は LPF を通過できません。つまり図 13.3 のように方形波を与えると正弦波が出てきます。まあ正確には，周波数が高いほど通過しにくいだけで，全く通過できないわけではありませんが，ここでは概略として，2 項目以降は全く通過できないと考えておきましょう。またフィルタを通す信号を音声信号と考えれば，低い周波数の信号，つまり低い音を通す LPF を通すと，高い周波数の信号，つまり高い音が弱くなりますから，相対的に低音が強調された音となります。音楽に詳しい方ならば，周波数ごとに音の大きさを調整できるイコライザという機器をご存知かと思いますが，これはまさに周波数ごとに音声信号の通過する度合いを制御する機器です。

　この一次 RC LPF のボーデ線図をもう少し詳しくみておきましょう。まずカットオフ周波数 $f_c$ のところでは，$|H(\omega)| = 1/\sqrt{2} = 0.707$ となりました。この $|H(\omega)|$ は入出力の電圧振幅の比ですから，デシベル表記することができます。第 1 講でのデシベルの計算式を思い出すと，$1/\sqrt{2} = -3$ dB となります。この値は覚えておくとよいでしょう。ちなみに $f_c$ よりも周波数が低いところでは $|H(\omega)| = 1$ ですが，これは 0 dB となります。

また周波数が $f_c$ よりも高いところでは，$|H(\omega)|$ は $\omega$ に反比例しましたが，これは「$\omega$ が 10 倍になると $|H(\omega)|$ は 1/10 倍になる」ということもできます。1/10 倍をデシベル表記すると $-20\,\mathrm{dB}$ ですから，この関係は「$\omega$ が 10 倍になると $|H(\omega)|$ は $-20\,\mathrm{dB}$ 減る」と言い換えることができます。この関係を「$-20\,\mathrm{dB/decade}$」と書くことにしましょう。decade とは 10 倍という意味です。つまりこの $-20\,\mathrm{dB/decade}$ は，要は「反比例の関係」のことです。

同じ反比例を言い方を変えると，「$\omega$ が 2 倍になると $|H(\omega)|$ が 1/2 倍になる」ということもできます。1/2 倍は $-6\,\mathrm{dB}$ のことで，2 倍のことを octave といいますので，「$-6\,\mathrm{dB/ocatave}$」と書くこともできます。まあ同じ意味なのですが，両方ともよく使う表記なので，ぜひ覚えておいてください。ちなみに周波数が 2 倍のことを表す ocatave は，音階のオクターブと同じです。音階の 1 オクターブの違いは周波数では 2 倍の違いのことですから，確かに意味は同じです。

## 13.2 一次 RC ハイパスフィルタ

今度は図 13.4 のように，一次 RC LPF の R と C を入れ替えた回路を考えてみましょう。先ほどと同じようにこの回路の伝達関数 $H(\omega)$ を求めると，

$$H(\omega) = \frac{j\omega CR}{1 + j\omega CR}$$

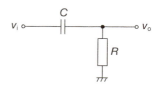

**図 13.4** 一次 RC ハイパスフィルタ（HPF）

となります。これから $|H(\omega)|$ と $\arg(H(\omega))$ を求めて，そのボーデ線図を描いてみるとわかるのですが，さきほどの LPF とは逆に，高い周波数の信号を通す「ハイパスフィルタ（High Pass Filer）」と呼び，HPF と略します。ボーデ線図の形状は，LPF の場合の左右逆になることがわかると思います。

### 演習 13.2

図 13.4 の伝達関数を求め，ボーデ線図を描いてみましょう。また $R = 1\,\mathrm{k\Omega}$，$C = 1\,\mathrm{\mu F}$ の場合のカットオフ周波数を求めてみましょう。

ちなみに低域を通す LPF，高域を通す HPF のほかにも，ある範囲の周波数の信号のみを通す「バンドパス（帯域通過）フィルタ（Band Pass Filer；BPF）」

や，逆にある範囲の周波数の信号のみを通さない「帯域阻止フィルタ（Band Eliminatino Filer；BEF）」，さらにすべての周波数の信号を通す（$|H(\omega)|$ が常に 1）が，$H(\omega)$ の偏角のみが周波数によって変わる「全域通過フィルタ（All Pass Filer）」などもあります。

## 13.3 オペアンプを使った 1 次ローパスフィルタ

せっかくなので，オペアンプを使ったフィルタ回路も見ていきましょう。図13.5 の回路を考えてみます。この回路の伝達関数 $H(\omega)$ は，正攻法として回路中の電圧電流を文字でおいて，理想オペアンプの性質を使いながら式を立てて解いてもよいのですが，ちょっと楽をしてみましょう。よく見ると，この回路は反転アンプによく似ていて，コンデンサ $C$ を

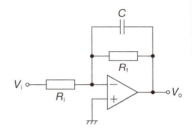

**図 13.5** オペアンプを使った 1 次ローパスフィルタ

取り除いたら反転アンプそのものです。つまりこの回路は，反転アンプの片方の抵抗 $R_f$ に並列に $C$ を接続したもの，とみることができます。コンデンサ $C$ のインピーダンスは $1/j\omega C$ で，インピーダンスは「抵抗のようなもの」ですから，この回路における $R_f$ と $C$ の部分は，並列合成インピーダンスを次のように求めて，1 つのインピーダンス（抵抗のようなもの）とみなすことができます。

$$R_f /\!/ \frac{1}{j\omega C} = \frac{\dfrac{R_f}{j\omega C}}{R_f + \dfrac{1}{j\omega C}} = \frac{R_f}{1 + j\omega C R}$$

また反転アンプの入出力電圧の比である $A_v$ は，$A_v = -R_f/R_i$ であることはすでに導いています（この式は，そろそろ頭の中で理想オペアンプの関係式を使いながらスラスラと導けるぐらいになっているべきです）。そこで図 13.5 の回路は，反転アンプの $R_f$ を「$R_f$ と $C$ の並列合成インピーダンス」と置き換えたもの，と考えることができ，その入出力比，つまりフィルタ回路における伝達関数 $H(\omega)$ も，そのまま置き換えをして，

$$H(\omega) = -\frac{R_f}{R_i} \frac{1}{1 + j\omega C R_f}$$

第 13 講　フィルタ回路とボーデ線図

と求めることができます。もちろん正攻法で求めても同じ結果が得られます。

この $H(\omega)$ は，図 13.1 の一次 RC LPF の伝達関数 $H(\omega)$ と比べると，前についている $(-R_\mathrm{f}/R_\mathrm{i})$ 以外は全く同じですから，この回路の $H(\omega)$ も，同じように一次 LPF としての特性を示すことになり，カットオフ周波数 $f_\mathrm{c}$ は $f_\mathrm{c} = 1/2\pi C R_\mathrm{f}$ となります。ただし前に $(-R_\mathrm{f}/R_\mathrm{i})$ という係数がついていますから，カットオフ周波数 $f_\mathrm{c}$ より低い周波数での $|H(\omega)|$ は 1 ではなく $R_\mathrm{f}/R_\mathrm{i}$ となります。$R_\mathrm{f} > R_\mathrm{i}$ とすればこれは 1 より大きくなりますから，フィルタ回路に増幅回路としての性質をもたせることができる，ともいえます。このような回路を，(オペアンプを使った) 能動一次 LPF と呼ぶことにしましょう。「能動」というのは，オペアンプという，自ら電流を流す機能をもつ素子 (能動素子) を使っている，という意味です。

この能動一次 LPF のボーデ線図を，例として $R_\mathrm{f}/R_\mathrm{i} = 10$ の場合で描くと図 13.6 のようになります。抵抗とコンデンサのみの一次 RC LPF とは違って，周波数が低いところで $|H(\omega)| = 10$ となり，それがカットオフ周波数 $f_\mathrm{c}$ を超えると，$-20\,\mathrm{dB/decade}$ で下がっていきますから，あるところで $|H(\omega)| = 1 = 0\,\mathrm{dB}$ となるところがあるはずです。$-20\,\mathrm{dB/decade}$，つまり反比例という右下がりの割合を考えると，この場合で $|H(\omega)| = 1$ となる周波数は $10 f_\mathrm{c}$ ということになります。この $|H(\omega)| = 1$ となる周波数をユニティ・ゲイン周波数 $f_1$ と呼びます。

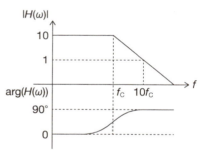

**図 13.6** 図 13.5 の回路のボーデ線図 ($R_\mathrm{f}/R_\mathrm{i} = 10$ の場合)

### 演習 13.3

図 13.5 の回路に対して，$R_\mathrm{f}/R_\mathrm{i}$ を含んだ式として，ユニティ・ゲイン周波数 $f_1$ を求めてみましょう。

## 13.4　二次のローパスフィルタ

ここまでは，伝達関数 $H(\omega)$ が $\omega$ の 1 乗までの項のみからなる一次フィル

タをいろいろみてきました。そして一次のフィルタでは，信号が周波数とともに通過しなくなる領域での減衰率は，周波数に対して反比例，つまり $-20$ dB/decade，でした。この傾きは，特定の周波数の信号のみを取り出すというフィルタの働きからすると，より急峻であるほうがフィルタとしては望ましいといえます。つまり周波数が高くなるほどもっと急峻，例えば $-40$ dB/decade で通過しなくなるようなフィルタであれば，必要な周波数の信号と，不要な周波数の信号を，よりはっきりと仕分けることができます。このような目的のためには，結論からいうと伝達関数 $H(\omega)$ に $\omega$ のより高い次数の項を含む高次フィルタを使うことになります。例えば伝達関数 $H(\omega)$ が次のように $\omega$ の二次式となる回路があったとしましょう。

$$H(\omega) = \frac{1}{1 + \left(\dfrac{j\omega}{\omega_c}\right)^2}$$

これは $\omega^2$ の項を含みますから，二次のフィルタです。この伝達関数 $H(\omega)$ の振る舞いを，一次 LPF の場合と同じように考えると，$\omega$ と $\omega_c$ との大小関係で場合分けをすればよいと考えられます。$\omega = \omega_c$ の場合以外を実際にやってみると，

$\omega \ll \omega_c$ の場合：$|H(\omega)| = 1$，$\arg(H(\omega)) = 0$ 度

$\omega \gg \omega_c$ の場合：$|H(\omega)| = \dfrac{1}{\left(\dfrac{\omega}{\omega_c}\right)^2}$，$\arg(H(\omega)) = -180$ 度

$\omega = \omega_c$ のあたりの $H(\omega)$ の挙動は，あとで少し考えるようにちょっと複雑ですので，まずはフィルタとしての特性である，減衰域で周波数とともに $H(\omega)$ がどう変わるか，に着目することにします。この二次フィルタでは，減衰域では $|H(\omega)|$ は $\omega$ の二乗に反比例して小さくなることがわかります。二乗に反比例は「$\omega$ が 10 倍になると 1/100 倍，つまり $-40$ dB」と言い換えられますから，二次のフィルタの減衰域での減衰率は $-40$ dB/decade ということができます。おおざっぱにみると，$H(\omega)$ の分母に $\omega^2$ があるので，$\omega$ が十分大きくなればここだけが $H(\omega)$ の特性に効いてくるので，$\omega$ の二乗に反比例，ということができます。また偏角は一次の場合の 2 倍の $-180$ 度まで変化をします。この調子でいくと三次のフィルタ，つまり $H(\omega)$ の分母に $\omega^3$ の項があるフィルタの伝達関数では，減衰域での減衰率も偏角の変化先も一次の場合

の 3 倍，つまり図 13.7 のように $-60$ dB/decade と $-270$ 度となるはずです。一般に伝達関数 $H(\omega)$ の分母の $\omega$ の最高次の項が $\omega^n$ である $n$ 次のフィルタ（LPF）の減衰率は $-20 \times n$ dB/decade，偏角の変化先は $-90 \times n$ 度となることが導かれます。

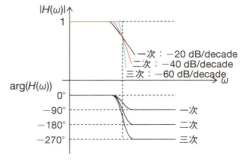

**図 13.7** 一次 LPF と二次 LPF，三次のボード線図の例

さて二次のフィルタ（LPF）の伝達関数 $H(\omega)$ の分母は $\omega$ の二次式ですから，一般には

$$H(\omega) = \cfrac{1}{1 + j\cfrac{1}{Q}\left(\cfrac{\omega}{\omega_c}\right) + \left(\cfrac{j\omega}{\omega_c}\right)^2}$$

と書くことができるはずです。$Q$ はフィルタの特性を決めるパラメータですが，要は $\omega$ の 1 乗の項の係数です。また伝達関数 $H(\omega)$ に $\omega$ が入るのは，元をたどればコンデンサのインピーダンスですから，虚数単位 $j$ も $\omega$ の係数に含まれるはずです。同様に $\omega^2$ の項も，$(j\omega)^2$ の項を含みますので，$\omega^2$ の係数は必ず負となります。この伝達関数 $H(\omega)$ の $\omega$ に対する振る舞いも，$\omega \ll \omega_c$ の場合には分母が 1 とみなせるので $H(\omega) = 1$ となり，逆に $\omega \gg \omega_c$ の場合は，$\omega^2$ に対して $\omega$ は無視できますから，分母は $\omega^2$ のみが残りますので，さきほどの例と同じように $-40$ dB/decade の減衰率と $-180$ 度の偏角をもつことになります。

ただし $\omega = \omega_c$ の付近での $H(\omega)$ の振る舞いは，$\omega$ の項によって変わってきそうです。実際，その係数に含まれる $Q$ によって，$\omega = \omega_c$ 付近での $H(\omega)$ の変化は大きく変わり，図 13.8 のようになることが計算できます。このあたりの詳しいことはこの本の範囲からはずれるので，興味がある人は，フィルタの設計論を勉強してみてください。なかなか奥が深い世界です。

## 13.5 オペアンプを使った二次のローパスフィルタ

最後に二次のフィルタをオペアンプを使って作る例をみていきましょう。オペアンプを使った二次フィルタ，つまり分母に $\omega^2$ を含む伝達関数 $H(\omega)$ を

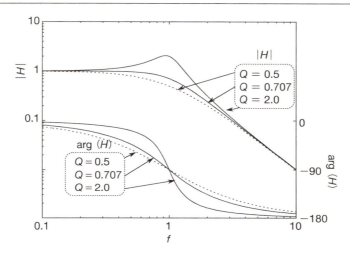

**図 13.8** 二次 LPF のボーデ線図（$|H(\omega)|$）と $Q$ の関係

もつ回路の作り方にはいろいろな方法がありますが，ここではその中の1つ，図 13.9 のサーレン・キー型と呼ばれる回路をとりあげます。ちなみにサーレンとキーは，この回路（正確には真空管の回路として考案されたもの）を考えた人の名前です。この回路，さすがにだいぶ複雑な回路になってきましたが，オペアンプの回路を解くときの原則，理想オペアンプの特性と電圧電流の関係だけを使って，ちゃんと解くことができて，

$$H(\omega) = \frac{1}{1 + a_1(j\omega) + b_1(j\omega)^2}$$

ただし $a_1 = \omega_c \cdot C_2(R_1 + R_2)$，$b_1 = \omega_c^2 R_1 R_2 C_1 C_2$，$\omega_c$ はカットオフ角周波数で $\omega_c = 2\pi f_c$ となることが導かれます。さすがにこの式は覚える必要はありませんが，オペアンプ回路を解く練習としてはよいので，ぜひ導いてみてください。

### 演習 13.4
サーレン・キー型 LPF の伝達関数を求めてみましょう。

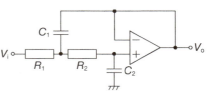

**図 13.9** オペアンプを使った二次 LPF の例（サーレン・キー型）

実際にこの回路を使う場面では，

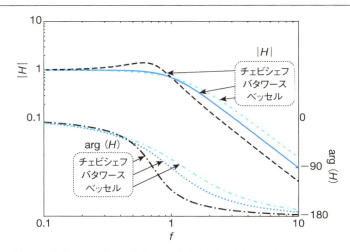

**図 13.10** バタワース特性，チェビシェフ特性，ベッセル特性の二次 LPF のボーデ線図

用途にあわせて $a_1$ と $b_1$ を選ぶところから始める場合がほとんどです。二次以上のフィルタの伝達関数 $H(\omega)$ の特性，特に減衰域での変化の様子や，通過域での振る舞い（一定ではなく少し絶対値が変動するものもあります）から何種類か知られているものがあって，それぞれに名前がついていて特徴があります。代表的なものには以下のようなものがあり，図 13.10 のようなボーデ線図となります。基本的には低域を通過して高域で減衰する LPF ですが，それぞれ特徴があります。興味がある人はぜひフィルタ理論を勉強してみてください。

- バタワース特性：通過域での特性が最も平坦
- チェビシェフ特性：通過域で多少振動があるが，カットオフ周波数付近での減衰がより急激
- ベッセル特性：最も位相（偏角）の変化が緩やか

用途にあわせたフィルタ回路を設計するためには，まず用途から $a_1$ と $b_1$ が決まり，それを満たすように抵抗やコンデンサの値を決めていくことになります。

### 演習 13.5
図 13.9 のサーレン・キー型二次 LPF がバタワース特性（$a_1 = \sqrt{2} = 1.414$,

$b_1 = 1.0$)をもち,$f_c = 1\,\text{kHz}$となるように$R_1$,$R_2$,$C_1$,$C_2$の値を求めてみましょう。ただし$R_1 = R_2 = 10\,\text{k}\Omega$とします。

なお必要であれば三次よりも次数の高いフィルタも作ることはできますが,通常は一次または二次のフィルタをつないで作るのが一般的です。例えば三次LPFは,一次LPFの次に二次LPFをつなげば実現できます。

フィルタで2つの成分を分離

# 第14講 帰還回路と発振回路

この講ではオペアンプの回路をもう少し一般化してモデル化し，その動作のメカニズムを深く理解していきましょう。

## 14.1 ブロックダイアグラム

回路の振る舞いをモデルとして扱う方法の1つとして，ブロックダイアグラムと呼ばれるものがあります。これは図 14.1 のように，回路の特性を入出力の関係として表し，それに応じた記号が用いられます。信

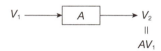

**図 14.1** ブロックダイアグラムの要素

号の流れは矢印で表し，ある回路に入る入力信号はその回路（箱）に向かう矢印として表現されます。また回路から出てくる出力信号は回路（箱）から出てくる矢印として表現されます。また増幅回路を含めて回路（箱）の特性は，その入出力の関係，つまり比として定義されますから，「入力を $A$ 倍して出力する回路（箱）」という記号もあります。なおこの倍率 $A$ は実数には限らず，フィルタ回路であれば複素数となります。このような記号を使って表した回路（箱）をつないだものをブロックダイアグラムと呼びます。

この記号の便利なところは，回路（箱）どうしをつないだ場合の全体の特性が理解しやすいところです。図 14.2 のように，まず信号 $V_i$ を倍率 $A_1$ の箱に与えて，その出力をもう1つの倍率 $A_2$ の箱に与え，その出力を求めると，簡単な計算から $V_o = A_1 \cdot A_2 \cdot V_i$ となります。これは，2つの箱をあわせて倍率 $A_1 \cdot A_2$ の1つの箱とみなすことができるわけです。

**図 14.2** ブロックダイアグラムでの2つの回路の接続

**図 14.3** ブロックダイアグラムでの2つの信号の加算と減算
※ $V_1$ と $V_2$

もう1つ，ブロックダイアグラムの中では，複数の信号の和や差を

求める場合があります。これらは図 14.3 のように，流れてくる信号が交わる先に丸を描き，それらを加算する場合にはプラスを，減算する場合はマイナスをつけて表します。例えば図 14.3 左の例では $(V_1 + V_2)$ が出てきて，図 14.3 右の例では $(V_1 - V_2)$ が出てきます。

## 14.2　ブロックダイアグラムの使用例とフィードバック回路

さてこのブロックダイアグラムを使って，これまでにみてきたオペアンプの回路を表してみましょう。まずオペアンプの本来の機能は，2 つの入力電圧 $V_+$ と $V_-$ の差を求めて $A$ 倍して出力 $V_o$ を出す，ということでしたから，図 14.4 のように表現することができます。

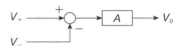

**図 14.4**　オペアンプのブロックダイアグラム表現

オペアンプを使った回路として，ここまでに何度も出てきた図 14.5 の非反転アンプをとりあげてみます。このうちオペアンプはすでにブロックダイアグラム表現できていますから，それを使うとして，残るは 2 つの抵抗です。この 2 つの抵抗は，分圧を求める働きがあるとみなせますので，図 14.6 のように考えると，入力として $V_o$ を与えて，その $\beta = R_i/(R_i + R_f)$ 倍を出力として $V_-$ に与える回路，と考えることができ，$\beta$ 倍の回路としてブロックダイアグラム表現ができます。

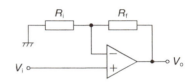

**図 14.5**　ブロックダイアグラムの要素

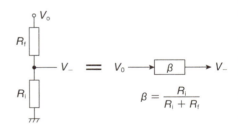

**図 14.6**　抵抗分圧部のブロックダイアグラム表現

これを使うと非反転アンプの全体は図 14.7 のようにブロックダイアグラム表現できることになります。オペアンプや抵抗が抽象化されて，箱として表現され，その接続関係として回路が表現されています。こう表現できると，この回路の電圧増幅率 $A_v = V_o/V_i$ を求めることができそうです。図 14.7 のように $V_e$ をおくと，

第 14 講　帰還回路と発振回路

$$V_o = A \cdot V_e$$
$$V_e = V_i - \beta \cdot V_o$$

という関係があることが，このブロックダイアグラムからわかります。この式から $V_e$ を消去すると，

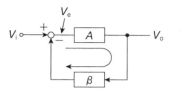

**図 14.7** 非反転アンプのブロックダイアグラム表現

$$A_v = \frac{V_o}{V_i} = \frac{A}{1 + A\beta}$$

となります。ここで $A$ を無限大（理想オペアンプ）とすれば，$A_v = 1/\beta$ となりますが，$\beta = R_i/(R_i + R_f)$ でしたから，$A_v = (1 + R_f/R_i)$ となり，理想オペアンプを使った非反転アンプの電圧増幅率と一致します。この回路では，図 14.7 の矢印のような，出力から入力の近くに至る信号経路があることがわかります。このように出力を入力側に戻す信号経路をもつ回路を「フィードバック回路」と呼びます。フィードバック（Feedback）とは，信号を入力へ近いほうへ戻す（back）経路で信号を与える（feed）回路，という意味です。ちなみに図 14.7 の回路は，オペアンプを抽象化して箱として描いていますから，オペアンプに限ったものではありません。つまり全く別の回路でも，その回路の信号の流れや接続関係をブロックダイアグラムで描いて図 14.7 のようになったら，それはすべてフィードバック回路で，その電圧増幅率（または伝達関数）は，全く同じ式で表されます。これが，回路を抽象化してブロックダイアグラムで扱うことの意義です。

フィードバック回路の全体の電圧増幅率 $A_v$ は，すべてこの式のようになるわけですが，理想オペアンプの場合で考えたように，$A$ が十分大きければ（理想的には無限大），フィードバック回路としての電圧増幅率 $A_v$ には $A$ が入ってこず，$\beta$ のみで決まることがわかります。これは非常に重要かつ便利な性質です。というのも第 7 講でオペアンプの中身の原理である差動増幅回路についてみてきましたが，その増幅率はトランジスタの特性が直接関係してきます。実際の電子部品としてのトランジスタの $g_m$ などの特性は，製造方法や，それこそ製造日の気温といった微妙な原因で大きく変動してしまうことが珍しくありません。実際，第 12 講で実際の電子部品としてのオペアンプのデータシートでみてきたように，オペアンプの電圧増幅率 $A_{VD}$ は，最小値（保証値）と標準値とで大きく違っていました。つまり現実の電子回路としてのオペアンプの増幅率 $A$ は「大きな値であることは間違いないが，値自

体はモノによって大きく異なる」という性質があることになります。これはオペアンプ単体を増幅回路とみると，その増幅率は，正直，測ってみないとわからない，ということですから，使う側からするとなかなか厄介な性質です。確かにオペアンプを，反転アンプのような構成ではなくてオペアンプ単体で増幅回路として使っている例は見たことがありません。ところが増幅率はばらつきが大きいとはいえ，大きな値であることは事実です。10万か100万か，ものによってバラバラだけど，いずれにしても大きな値であるわけです。フィードバック回路の全体の増幅率は，$A$が大きい値であれば，$A$によらずに$\beta$によってのみ決まる，という性質がありましたが，この現実のオペアンプの「$A$がバラバラだけど大きいのは確実」，という性質は，とても好都合です。

　その結果，フィードバック回路の全体の増幅率を決める$\beta$は，非反転アンプの例では，抵抗の分圧で決められていました。この抵抗の分圧のように抵抗の比で決まる特性は，一般に非常に高精度に実現することができます。例えば精度1%の抵抗器は普通に売っていて，1 kΩと表示されている抵抗の実際の抵抗値は0.99 kΩから1.01 kΩの範囲におさまるわけですが，これを用いれば実際に作った分圧回路の$\beta$は，設計値に対して1%しか誤差がないことになります。これは，さきほどのオペアンプの$A$とは大きな違いです。抵抗の分圧回路では，どうがんばっても電圧を大きくすることはできませんから，必ず$\beta<1$となりますが，フィードバック回路の$A$が無限大の場合の増幅率は$1/\beta$でしたから，これは1より大きくなります。つまりこのフィードバック回路は，ちゃんと入力よりも出力が大きくなる「増幅器」として働くことになります。

### 演習 14.1

反転アンプの回路を描き，対応関係を考えながらブロック線図で表しましょう。そしてそれを用いて電圧増幅率$A_v$を求めてみましょう。

　ところでフィードバック回路の増幅率の式の分母に$A\beta$という項がありますが，これは図14.7のブロックダイアグラムの中にあるループを一回りする信号経路を考えると，そこに2つある$A$と$\beta$の2つをあわせた全体の倍率です。これを「ループ・ゲイン (Loop Gain)」と呼ぶことにしましょう。また分

母の $(1 + A\beta)$ のことを「フィードバック量」と呼ぶことにします。

なお詳しくは最後の第 15 講でみていきますが，図 14.7 のフィードバック回路は，$\beta$ を通ったあとが入力に対してマイナスとして加わっています。このような回路を，出力の $\beta$ 倍を負にして入力に戻す，という意味で負帰還回路と呼びますが，これはフィードバック回路が安定して動作することと非常に深くかかわっています。

## 14.3　発振回路

このフィードバック回路を少し変えると，全く性質が違う回路を作ることができます。図 14.8 の回路は，図 14.7 の回路の丸の部分をプラスに変えたものです。先ほどと同じように図中の信号の関係式を求めてみると，

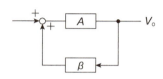

**図 14.8**　少し変えたフィードバック回路

$$V_o = A \cdot V_c$$
$$V_c = V_i + \beta \cdot V_o$$

という関係が求められます。この式から $V_c$ を消去すると，

$$A_v = \frac{V_o}{V_i} = \frac{A}{1 - A\beta}$$

となります。先ほどと違って，分母が $(1 - A\beta)$ となりました。もし回路の $A\beta = 1$，つまりループ・ゲインが 1 となるように回路を作ったとしましょう。するとこの $A_v$ の分母がゼロ，つまり $A_v$ が無限大となってしまいます。$A_v$ が無限大ということは，入力 $V_i$ がゼロであっても出力 $V_o$ がゼロではない，と考えることができます。つまり入力を与えなくても出力が出てくる回路，となりそうです。フィードバック回路の戻し方を少し変えるだけで，全く振る舞いが違う回路ができてしまいました。これも出力が入力側に戻っていますから，フィードバック回路の一種ですが，「正帰還回路」と呼ぶことにします。さきほどのフィードバック回路は負帰還回路でしたが，入力側への戻し方の正負が逆であるわけです。

このような回路の振る舞いを，少し違う観点から考えてみましょう。この回路は入力がなくても出力が出てくるのですから，入力を取り除いてしまって図 14.9 のような回路を考えます。この回路の×印のところで切り離したと考えてみましょう。×印のすぐ右側の電圧を $V_1$ として，それが $A$ と $\beta$ を通っ

て×印のすぐ左側まで達したところ
の電圧を $V_2$ とおいてみます。ブロッ
クダイアグラムの考え方を使えば，

$$V_2 = A\beta V_1$$

となることがわかります。$A\beta$ は，こ
の回路を一回りしたときの電圧変化，
つまりループ・ゲインそのものです。

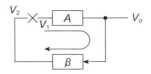

**図 14.9** 図 14.8 の回路から入力を取り除いた回路と，それを途中で切った状態

　ここでまた思考実験をしてみましょう。もしループ・ゲインの絶対値 $|A\beta|$ が 1 より大きかったとしましょう。つまり $V_1$ がこのループを通って得られる $V_2$ は，電圧振幅が大きくなっていることになります。実際には×印のところは切れていなくて，この $V_2$ は次の $V_1$ となってまたループを回りますから，これを繰り返していくと，出力電圧 $V_o$ の振幅はどんどん大きくなっていって発散していまいます。発散といっても現実の電子回路では無限大の電圧はありえませんから，実際には回路が扱いうる上限電圧（通常は回路に与える電源の電圧）に達したところで一定となってしまいます。つまり出力電圧 $V_o$ は，振り切れたところで止まってしまうわけです。

　では逆に $|A\beta|$ が 1 より小さかったとしましょう。この場合は逆に $V_1$ よりも $V_2$ のほうが電圧振幅が小さくなるわけですから，出力電圧 $V_o$ の振幅はどんどん小さくなっていき，最終的にはゼロに収束してしまいます。つまり出力電圧 $V_o$ は常ゼロとなってしまうわけです。

　このように $|A\beta|$ が 1 より大きくても小さくても，出力電圧 $V_o$ は一定となってしまい，これは最初の $V_1$ が正弦波の電圧であったとしても同じで，発散または 0 に収束してしまいます。

　では $|A\beta|$ がちょうど 1 の場合はどうでしょうか。この場合はループを回っても電圧振幅が変わりません。仮に出力電圧 $V_o$ がある角周波数 $\omega$ の正弦波だとしても，この場合は $V_o$ は変化せず，安定した（定常状態といいます）正弦波のままでいられそうです。ただしこのような現象がおこるためにはもう少し条件が必要で，絶対値をとる前の $A\beta$ の偏角 $\arg(A\beta)$ に対しても条件がついてきます。$\arg(A\beta)$ がゼロでない，つまり $A\beta$ が複素数である場合には，$V_1$ と $V_2$ の位相がずれる，つまり $V_1$ と $V_2$ は正弦波だとしても変化のタイミングがずれていることになり，ループを回ることを繰り返していくうちに出力 $V_o$ は安定な正弦波とはなりえません。逆に $\arg(A\beta) = 0$，つまり $A\beta$ が実数の

場合は，$V_1$ と $V_2$ の位相はずれませんから，出力 $V_o$ は安定な正弦波となりえます。

以上のことから，安定した定常状態の正弦波の出力を得るためには，

$|A\beta| = 1$，つまり $\text{Re}(A\beta) = 1$

$\arg(A\beta) = 0$，つまり $\text{Im}(A\beta) = 0$

であることが必要であることになります。$\text{Re}()$ と $\text{Im}()$ はそれぞれ実部と虚部を表します。この前者を電力条件，後者を周波数条件と呼ぶことにしましょう。

実際の電子回路でこれらの条件がどう効くかは次にみていきますが，実際には $\beta$ はコンデンサやインダクタを含む回路とする場合が多く，$\beta$ は信号の角周波数 $\omega$ を含む式となります。したがってループ・ゲイン $A\beta$ も $\omega$ を含む式となりますが，これに対して，さきほどの電力条件と周波数条件を満たすように式を解いてみると，$\omega$ が求まってしまいます。これは，角周波数がその $\omega$ である正弦波のみが安定した出力となり得る，言い換えるとそれ以外の角周波数の正弦波は出力には現れない（存在しえない）ということです。したがってそのような $\omega$ の正弦波のみが出力に（入力を与えなくても）現れることになりなす。このような回路を**発振回路**と呼びます。

## 14.4　発振回路の例：ウィーンブリッジ発振回路

発振回路の例として図 14.10 の，ウィーンブリッジ発振回路の動作を解析してみましょう。この回路を，オペアンプの回路としてまともに解いてもいいのですが，よく見ると，点線の部分が非反転アンプであることがわかります。そこでこれを図 14.11 のように $A$ と $\beta$ の部分に分けて考え，図 14.9 の発振回路のブロックダイアグラムとして考えることにします。

$A$ の部分は非反転アンプですから，$A$ は非反転アンプの電圧増幅率，つまり

$$A = 1 + \frac{R_3}{R_4}$$

です。もう 1 つの $\beta$ のほうはちょっと複雑ですので，

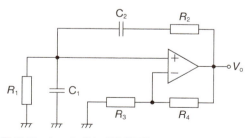

**図 14.10**　ウィーンブリッジ発振回路

図14.12のように抜き出して考えましょう。抵抗2個とコンデンサ2個で $V_1$ を分圧したものが $V_2$ で，その比が $\beta$，とみることができますから，これを求めてみると，

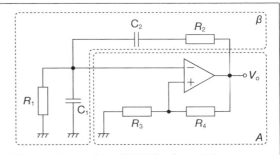

**図14.11** ウィーンブリッジ発振回路の中の $A$ と $\beta$

$$\frac{V_2}{V_1} = \beta = \frac{Z}{Z + R_2 + \frac{1}{j\omega C_2}}$$

$$= \frac{j\omega C_2 Z}{1 + j\omega C_2 R_2 + j\omega C_2 Z_2}$$

$$= \frac{\dfrac{j\omega C_2 R_1}{1 + j\omega C_1 R_1}}{1 + j\omega C_2 R_2 + \dfrac{j\omega C_2 R_1}{1 + j\omega C_1 R_1}}$$

$$= \frac{j\omega C_2 R_1}{1 - \omega^2 C_1 C_2 R_1 R_2 + j\omega(C_1 + C_2)R_1}$$

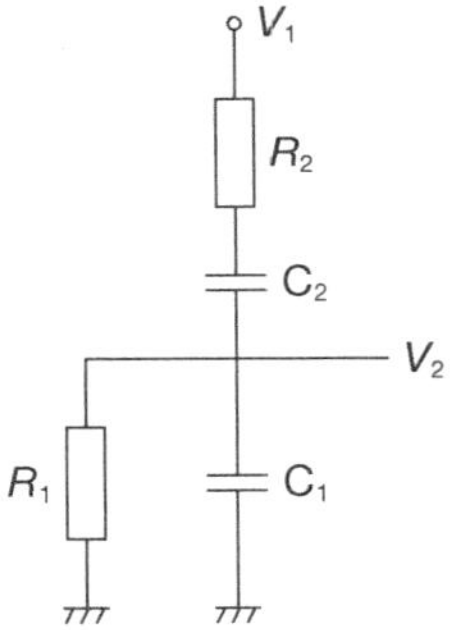

**図14.12** ウィーンブリッジ発振回路の $\beta$

となります。かなり複雑な式ではありますが，一応求められました。ただよく考えたら，この回路が発振するための条件は，電力条件と周波数条件の2つです。このうちの周波数条件は，$A\beta$ が実数となる，ということでした。$A$ は非反転アンプの電圧増幅率ですから実数ですので，あとは $\beta$ が実数であることが必要条件です。この式の $\beta$ の分子は純虚数ですから，分母も純虚数であればよさそうです。つまり分母の実部がゼロということですから，ずいぶん簡単に求められて，それを解くと

$$\omega = \frac{1}{\sqrt{C_1 C_2 R_1 C_2}}$$

となります。意外とあっさりと $\omega$ が求まってしまいました。実際の周波数条件の計算では，このように「$\beta$ の虚部がゼロ」ということだけを使いますから，$\beta$ の実部や分母は，周波数条件に対してはちゃんと計算しなくても大丈夫です。

これで $\omega$ が求められましたから，この角周波数 $\omega$ の正弦波の出力が得られ

るとして，それがちゃんと得られるためのもう 1 つの条件である電力条件を解いてみましょう．電力条件は $|A\beta| = 1$ のことでしたので，さきほどの非反転アンプの電圧増幅率である $A$ と，この $\omega$ を $\beta$ に代入したもの（この時点で，やはり $\beta$ の実部や分母はちゃんと計算しておかないといけないわけです）を使うと，

$$A\beta = \frac{AC_2 R_1}{(C_1 + C_2)R_2} = 1$$

となり，これを解くと $A = 3$，つまり $R_3 = 2R_4$ となることが条件として導かれます．つまり非反転アンプの電圧増幅率は 3 でなければならない，ということです．

以上をまとめると，「非反転アンプで $R_3 = 2R_4$ としておけば，角周波数 $\omega$ の正弦波が出力に現れる」ということができますから，確かに発振回路として動作することになります．

ちなみにこの $A = 3$ という条件は，実際にはなかなか実現が難しいものです．というのもそれを決める $R_3$ と $R_4$ の比ですが，これを正確にちょうどぴったり 2 とすることは，現実の抵抗器の抵抗値には数％の誤差がありますから，現実的には不可能ですし，しかもその値は温度などのいろいろな条件で変化してしまいます．そこで実際のウィーンブリッジ発振回路では，出力が安定した正弦波となるように $R_3$ と $R_4$ の比を調整する制御回路を組み込むことが必要で，それにオペアンプやブロックダイアグラムでみてきたフィードバックのテクニックが使われます．興味がある人は，ぜひ調べてみてください．

### 演習 14.2

ウィーンブリッジ発振回路の $A$ と $\beta$ を求め，それが発振する条件から得られる出力の周波数を求めてみましょう．

第 14 講　帰還回路と発振回路

# 第15講 オペアンプの周波数特性と安定性

この講では，オペアンプ自身がもつ周波数特性と，フィードバック回路とを関連付けて，オペアンプを使った回路の周波数特性の特性について見ていくことにしましょう。これまで学んできた事項が総合的に出てきますので，適宜復習をしながら理解していってください。

## 15.1　オペアンプの増幅率の周波数特性

オペアンプの本来の機能は，2つの入力端子の電圧の差を$A$倍して出力する，というものでした。$A$が無限大のものが理想的ですが，第12講でみたように，現実の電子回路としてのオペアンプは，$A$は大きい値ではあるものの有限値でした。さらにその値は，扱う信号の周波数とともに変化し，ある程度高い周波数の信号に対しては，周波数とともに減少する特性がありました。この理由は，簡単にいうと，オペアンプの中身（コアは差動増幅回路）にはコンデンサがあり，それがLPF（ローパスフィルタ）を形成するため，周波数とともに増幅率が減少する，ということです。

このようなオペアンプの電圧増幅率$A$の周波数特性をモデル化してみましょう。これを図15.1のように定義してみます。$A_{VD}$は周波数が十分低い（または直流）の信号に対する電圧増幅率で，通常オペアンプの回路で考える「電圧増幅率」は，これのことです。また$f_1$は，一定だった電圧増幅率が周波数とともに下がり始める境界の周波数で，LPFのカットオフ周波数に相当するものです。この$f_1$は，「一次のポール（極）」と呼ぶことにしましょう。これは一次フィルタにおける周波数特性の曲がり角（変化するところ），という意味です。これを第13講のLPFの伝達関数と同じように考えると，似たような式として，虚数単位$j$を使って，

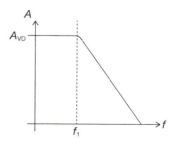

**図15.1**　オペアンプの電圧増幅率$A$の周波数特性

$$A = \frac{A_{\text{VD}}}{1 + j\dfrac{f}{f_1}} \tag{15.1}$$

と書くことができるはずです。この絶対値 $|A|$ のグラフは，LPFのときと同じように図 15.1 となると考えられます。また一次のポール $f_1$ よりも高い周波数では，$|A|$ は周波数 $f$ に反比例，つまり $-20\,\text{dB/decade}$ の傾きで減少していきます。この領域では，$|A|$ が $f$ に反比例するということは，$|A|$ と $f$ の積が一定，という関係が成り立つはずです。この $|A|f$ はオペアンプごとに固有の値で，「利得帯域幅積（Gain Bandwidth Product）」と呼ぶことにしましょう。利得とは増幅率のこと，帯域幅は周波数とほぼ同義ですから，文字通り $|A|$ と $f$ の積の値，という意味です。

#### 演習 15.1

第 12 講で紹介した RC4558 のデータシートから，利得帯域幅積の値を求めてみましょう。またそこに載っているユニティ・ゲイン帯域幅 $B_1$ との関係を考えてみましょう。

## 15.2 フィードバックの効果：帯域の増加

オペアンプの回路は，ほとんどの場合は出力を入力側に戻すフィードバックを構成して使う，ということをこれまでにいろいろ見てきました。ではこのフィードバックによってどのようなメリットがあるのか，もう少し定量的にみていくことにしましょう。

第 14 講で出てきた，回路をモデル化して理解するのに便利なブロックダイアグラムを使って，オペアンプを使ったフィードバック回路を図 15.2 のようにモデル化してみます。この電圧増幅率 $A_v$ は

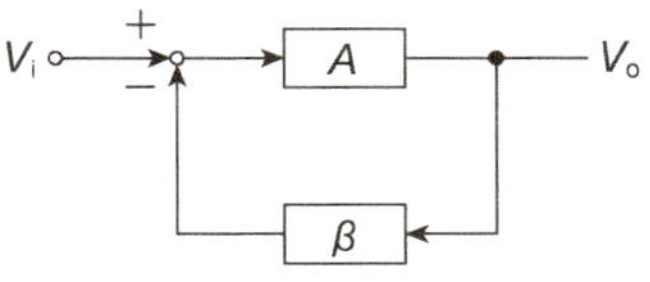

**図 15.2** フィードバック回路のブロックダイアグラム

$$A_v = \frac{V_\text{o}}{V_\text{i}} = \frac{A}{1 + A\beta} \tag{15.2}$$

と求められるのでした。さてこの中の $A$ はオペアンプの電圧増幅率ですから，

第 15 講 オペアンプの周波数特性と安定性

これが扱う信号の周波数によってどう変わるかは先ほど式で表しました。それを使えば，このフィードバック回路の特性が扱う信号の周波数とともにどう変わるかを考えることができそうです。実際に先ほどの式 (15.1) をこれに代入して，フィードバック回路の電圧増幅率 $A_v'$ を求めると，

$$A_v = \frac{\dfrac{A_{\mathrm{VD}}}{1 + +jf/f}}{1 + \dfrac{A_{\mathrm{VD}}\beta}{1 + jf/f_1}} = \frac{\dfrac{A_{\mathrm{VD}}}{1 + A_{\mathrm{VD}}\beta}}{1 + j\dfrac{f}{f_1(1 + A_{\mathrm{VD}}\beta)}} \tag{15.3}$$

となります。この式 (15.3) の後半は，LPF の形に似た式にあわせるために，分母を「$1 + jf/\Box$」の形に変形しています。こうすることで，LPF の周波数特性を考えた場合と同じように，分母の実部と虚部の大小関係から，周波数特性の傾向を理解しやすくなります。

この式 (15.3) と，式 (15.1) のオペアンプの電圧利得の式とを比べると，まず $f$ が十分低いところでの $A_v'$，この式 (15.3) に $f = 0$ を代入して $A_{\mathrm{VD}}/(1 + A_{\mathrm{VD}}\beta)$ となりますが，これはオペアンプの $A_{\mathrm{VD}}$ の $1/(1 + A_{\mathrm{VD}}\beta)$ 倍となっていることがわかります。つまりフィードバック回路の電圧増幅率 $A_v'$ はオペアンプ単体よりも小さな値となってしまっています。

またこの $A_v'$ のカットオフ周波数，つまり $A_v'$ が $f$ とともに下がり始める周波数 $f_1'$ は，LPF の場合と同じように考えて，式 (15.3) の分母の実部と虚部が同じ値となるところですから，

$$f_1' = f_1 \cdot (1 + A_{\mathrm{VD}}\beta)$$

となり，これはオペアンプ単体の一次ポール $f_1$ の $(1 + A_{\mathrm{VD}}\beta)$ 倍であることがわかります。

このフィードバック回路 $A_v'$ を，オペアンプの電圧増幅率 $A$ とあわせてボーデ線図（$|A|$ のみ）に描くと図 15.3 のようになります。このグラフで，周波数が $f_1'$ よりも高いところでは，フィードバック回路の $A_v'$ とオペアンプの $A$ とは重なって，$-20\,\mathrm{dB/decade}$ の傾きで減少していくことに注意してください。これは $f \gg f_1'$ に対して式 (15.1) と式 (15.3) を比べれば確認できます。

### 演習 15.2

フィードバック回路の $A_v'$ とオペアンプの $A$ が，$f \gg f_1'$ では一致することを示

してみましょう。

以上をまとめると，フィードバック回路の電圧増幅率$A_v'$は，オペアンプ単体の$A$と比べて，次のような特徴があります。
1. 周波数が低いところでの増幅率は，$1/(1+A_{\mathrm{VD}}\beta)$倍に小さくなる
2. 一次ポールは，$(1+A_{\mathrm{VD}}\beta)$倍に大きくなる

そして両者は，$f \gg f_1$では一致します。これは，フィードバック回路では，周波数が低いところでの増幅率を小さく抑える代わりに，より高い周波数$f_1'$まで増幅率が一定に保たれる，と見ることができます。増幅回路でいろいろな周波数の信号を使う以上，できるだけ幅広い周波数の信号に対して一定の増幅率をもつのが理想的ですから，より高い周波数$f_1'$まで増幅率が一定となるフィードバック回路は，より理想に近づいている，ということができます。この状況を「増幅率が一定の帯域が広がった」と表現することにします。

第12講で，オペアンプ単体の増幅率がフィードバック回路の増幅率よりも十分大きい場合には理想的，つまり$1/\beta$となる，ということを導きました。図15.3でも，フィードバック回路の増幅率$A_v'$とオペアンプ単体の増幅率$A$が一致する周波数$f_1'$までは，フィードバック回路の増幅率$A_v'$は$1/\beta$で一定（水平）ですから，確かにそうなっていることがわかります。

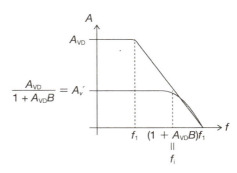

**図 15.3** フィードバック回路の電圧増幅率$A_v'$のボーデ線図

このフィードバックによって，オペアンプ単体の増幅率$A_{\mathrm{VD}}$を$1/(1+A_{\mathrm{VD}}\beta)$倍に小さくして使っているわけですが，このフィードバックによる増幅率の下げ具合である$(1+A_{\mathrm{VD}}\beta)$のことを「フィードバック量」と呼びます。このフィードバック量は1より大きな値です。

## 15.3 フィードバックの効果：増幅率変動の減少

第14講で，フィードバック回路の増幅率は，$A$が十分に大きければ，$A$に

依存せずに $1/\beta$ となる，という性質があることをみてきました。これをもう少し定量的に考えてみましょう。つまり $A$ が変化すると，フィードバック回路の増幅率 $A_v$ がどれぐらい変化するか，を考えてみます。これは，$A$ の変化に対する $A_v$ の変化の割合，つまり微分係数として $\mathrm{d}A_v/\mathrm{d}A$ を求めればよいことになります。

フィードバック回路の $A_v$ は式 (15.2) でしたから，これを $A$ で微分すればよいので，ちょっと計算をすると，

$$\frac{\mathrm{d}A_v}{\mathrm{d}A} = \frac{1}{1+A\beta} - \frac{A\beta}{(1+A\beta)^2} = \frac{1}{(1+A\beta)^2}$$

となります。つまり $A$ が変化したとき，それに対する $A_v$ の変化は，$A$ の変化の $1/(1+A\beta)^2$ 倍ということですから，ずっと小さくなります。フィードバック回路の $A_v$ は，$A$ が十分大きければ（無限大ならば）$A$ に依存しない，ということを，有限の $A$ に対して，もう少し定量的に求めることができました。

## 15.4　二次のポール

さて現実の電子回路としてのオペアンプでは，内部に複数の LPF を形成する回路が存在する場合がほとんどです。つまりその増幅率 $A$ の周波数特性は，一次ポールのみがある図 15.1 よりももう少し複雑になります。

まずはそれをブロックダイアグラムでモデル化してみましょう。図 15.4 のように，増幅率 $A_1$，$A_2$ の 2 つの回路を接続した全体の増幅率は，$A_1 \cdot A_2$ となるのでした。こ

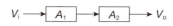

図 15.4　2 つの回路の接続

こで $A_1$ と $A_2$ が周波数とともに変化する性質をもっているとしてみましょう。$A_1$ は一次ポール $f_1$ をもつ，つまり周波数 $f_1$ より先では $-20$ dB/decade の減衰域となる，と仮定します。同様に $A_2$ も一次ポール $f_2$ をもつとしましょう。つまり両者の周波数特性は図 15.5 のようなボード線図となります。回路全体のボード線図は，この両者の積となりますが，上側の絶対値のグラフの縦軸は対数軸ですから，両者の積はグラフでは和となります。同様に下側の偏角のグラフも和をとればよいので，回路全体のボード線図は図 15.5 のようになります。つまり大きく次の 3 つの領域に分けられます。

・$f \ll f_1$：$A_1$ も $A_2$ も一定なので，全体も一定。偏角は 0 度
・$f_1 < f < f_2$：$A_1$ のみ $-20$ dB/decade で減衰し，$A_2$ は一定なので，全体は

- $-20\,\mathrm{dB/decade}$ で減衰。偏角は $-90$ 度
- $f \gg f_2$：$A_2$ も $A_2$ も $-20\,\mathrm{dB/decade}$ で減衰するので，全体は $-40\,\mathrm{dB/decade}$ で減衰。偏角は $-180$ 度

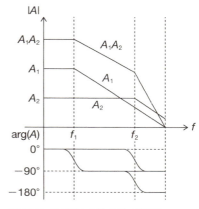

**図 15.5** 各回路と全体のボーデ線図

このように一次ポールをもつ回路を2つ接続したものは，最終的に $-40\,\mathrm{dB/decade}$ で減衰し，最大で $-180$ 度まで偏角が変化することになります。この2つ目の変化点 $f_2$ を「二次ポール」と呼びます。

　現実のオペアンプの内部回路構成は，差動増幅回路やエミッタ接地増幅回路を接続したものとなっていますので，まさにこのブロックダイアグラムのような構成となり，二次ポールや，さらには3段接続以降が効いてくる三次以上のポールも存在します。ただ三次以上のポールは，周波数が高すぎるのと，二次ポール以降で増幅率が $-40\,\mathrm{dB/decade}$ で急速に減衰して0に近づくため，あまり影響はなく，考慮しなければならない場面はほとんどありませんので，以降では二次ポールまでを考えることにします。

## 15.5　二次ポールの影響

　では現実のオペアンプで存在する二次ポールは，実際の電子回路としてはどのような影響をおよぼすのでしょうか。二次のポールを過ぎると，伝達関数の絶対値である増幅率は $-40\,\mathrm{dB/decade}$ で急速に小さくなっていきますが，偏角（位相）が $-180$ 度まで変化してしまいます。$-180$ 度の位相変化ということは，図 15.6 のように，元の正弦波の上下反転と同じ，とみなすことができます。式でいうと

$$\sin(x - 180) = -\sin(x)$$

ということです。フィードバック回路は，本来は図 15.7 のように，出力を $\beta$ 倍して入力から引くことで，出力の変動を抑え

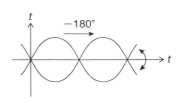

**図 15.6** $-180$ 度の位相のずれ＝正負反転

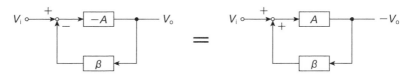

**図 15.7** 負帰還回路から正帰還回路へ

るのが目的の回路です。しかし$A$での位相変化が$-180$度となると，出力が本来の値と正負が反転してしまうわけですから，図15.7のように，入力から引くのではなく加えるのと同じことになってしまいます。これは第14講の後半で見てきた正帰還回路，つまり発振回路の構成と全く同じです。

それでも位相が$-180$度ずれる周波数の信号に対して，増幅率が1より小さければ，発振回路のときに考えたように，ループを回るうちに信号は小さくなって，なくなりますから心配は不要で，出力には何の影響もありません。

問題は，位相が$-180$度ずれる周波数の信号に対する増幅率が1より大きい場合，です。図15.8は，オペアンプのボード線図で，増幅率が1まで下がったところで，位相が$-180$度ずれている場合です。このような場合は，$f_a$から$f_b$の周波数の範囲で，位相がほぼ$-180$度ずれ，かつ増幅率が1より大きいので，この範囲の周波数の信号に対しては，このフィードバック回路は正帰還として働くことになります。つまりこの周波数のいずれかの正弦波が，発振回路の出力のように，入力がゼロであっても，出力電圧に現れることになります。これはもはや安定なフィードバック回路とはいえません。

逆に増幅率が1まで下がったところで，位相のずれが$-180$度よりも小さい場合には，位相のずれが$-180$度になる周波数では増幅率は1より小さいため，フィードバック回路の動作には影響はありません。

つまりこのようなフィードバック

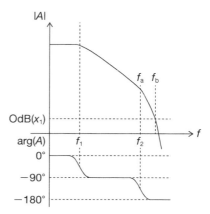

**図 15.8** ボード線図におけるフィードバック回路の安定化の着目点と位相余裕
※ $f_a$-$f_b$ が位相$-180$度で増幅率が1より大きい

回路が安定かどうかの分かれ目は，増幅率が 1 まで下がったところで，位相が $-180$ 度までずれているかどうか，どれぐらいの余裕があるか，ということになります。この余裕を，図 15.8 のように定義をして，これを「**位相余裕**」と呼ぶことにします。理論上は位相余裕が正であれば，フィードバック回路としての動作は問題ないはずですが，増幅回路を構成する他の素子の効果などもあって，あまり位相余裕が少ないと，図 15.9 のように，出力に望まない波形が現れることが多いので，位相余裕は一般には 45 度以上あることが，フィードバック回路が安定であることの判定の目安となります。このような出力波形が波を打つ現象は，位相余裕がなくなる周波数の信号が，一時的に発振回路のように正帰還がかかるために起こるもので，その減衰する振動の周波数は，位相余裕がゼロとなる付近の周波数となります。

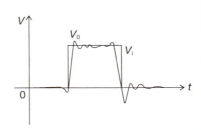

**図 15.9** 位相余裕がほとんどない場合の出力電圧の変化の例

## 15.6 フィードバック回路の安定化

この位相余裕とフィードバック回路の安定性の問題は，なかなか悩ましい問題です。というのも，オペアンプの増幅率自体は大きな値のほうが理想的ですから，ボーデ線図の増幅率はなるべく上にもっていきたいわけです。しかしそうすると図 15.10 のように，増幅率が 1 となる周波数も上がってしまい，位相が $-180$ 度ずれる二次ポール以降での増幅率も大きくなるため，位相余裕が小さくなってしまうためにフィードバック回路の安定性が悪くなります。

そこで図 15.11 のように，オペアンプの中に，オペアンプがもつ一次

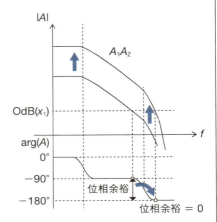

**図 15.10** 低周波での増幅率を上げると位相余裕が減る

ポールよりも低い周波数のところに，もう1つポールをもつように回路を修正したとしましょう。つまり本来オペアンプがもつ一次ポールは二次ポールにずれ，オペアンプの二次ポールは三次ポールになります。これは増幅率が下がり始める周波数が低くなるということですから，全体的には増幅率が小さくなってしまうわけですが，これは扱う回路が信号にあわせて調整することができます。つまり図 15.11 では，ある程度低い周波数の信号に対しては，オペアンプの増幅率は十分大きいとみ

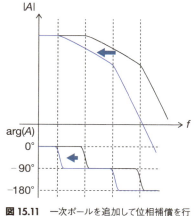

**図 15.11** 一次ポールを追加して位相補償を行う

なせますから，そのような周波数の信号を扱う限り，オペアンプを使った回路の特性は，理想オペアンプの場合と同じとみなすことができます。

一方で位相余裕は，オペアンプが本来もっていた一次ポールが二次ポールに変わりますから，そこから先の周波数では $-40\,\mathrm{dB/decade}$ で急速に増幅率が小さくなっていきます。そのため増幅率が1になる周波数も低いほうへ移動するため，大きな位相余裕が確保できます。

このような手法によって，低周波での増幅率を十分大きな値に保ったままで，大きな位相余裕を確保してフィードバック回路を安定化する方法を「位相補償」と呼びます。現実の電子回路としてのオペアンプは，製品では設計時に位相補償が行われて位相余裕が十分確保されていますし，自分で設計するときには，位相補償を行って位相余裕を確保できるように留意しましょう。

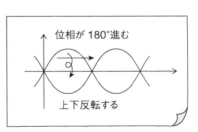

位相が180度ずれるのと，上下反転は同じなんだねえ

第15講 オペアンプの周波数特性と安定性

# 演習問題解答

1.1 $R_1:1\,\mathrm{A}$（右向き），$R_2:2\,\mathrm{A}$（右向き），$R_3:3\,\mathrm{A}$（左向き）。

1.2 テブナンの等価回路で，$R_2$ を接続せずに抵抗に電流が流れない状態の $R_2$ の両端電圧が $E_\mathrm{O}$ なので，$E_\mathrm{O} = (R_3 V_1 + R_1 V_3)/(R_1 + R_3)$。また $R_\mathrm{O}$ は電圧源 $V_1$，$V_2$ をゼロとおいた合成抵抗なので，$R_1 \cdot R_3/(R_1 + R_3)$。$R_2$ を流れる電流は 1.1 と同じく 2 A となる。

1.3 周期 $T = 1/50 = 20$ [ms]，角周波数 $\omega = 2\pi f = 314$ [rad/s]。

1.4 $V_1 = (R/(R + 1/j\omega C))V = V/(1 + j\omega CR)$

1.5 オームの法則から 10 mV/1 kΩ となるが，補助単位以外を先に計算して $10/1 = 10$，補助単位は $10^{-3}/10^3 = 10^{-6}$，つまり μ となる。両者をあわせて 10 μA。

2.1 ダイオードの両端電圧は 0.6 V で一定なので，抵抗の両端電圧は $V - 0.6$。オームの法則から $I = (V - 0.6)/R$。

2.2 $\beta = \alpha/(1 - \alpha)$ だが，$\alpha$ はほぼ 1 なので，この分子を 1 と近似すれば，$\beta = 1/(1 - \alpha)$。これに代入して，$\alpha = 0.01$，$\alpha = 0.001$ の場合の $\beta$ は，それぞれ 100，1000。

3.1 略。図 3.6 が参考になる。

3.2 証明略。オームの法則を使う。

3.3 $g_\mathrm{m} = I_C/V_T = 1\,\mathrm{mA} \cdot 38.5\,[\mathrm{V}^{-1}] = 38.5\,\mathrm{mS}$（S は抵抗の逆数をあらわす単位で，シーメンスと読む）。$r_\pi = \beta/g_\mathrm{m} = 5.2\,\mathrm{k\Omega}$。$r_\mathrm{o} = V_A/I_C = 150\,\mathrm{V}/1\,\mathrm{mA} = 150\,\mathrm{k\Omega}$。

4.1 $g_\mathrm{m} = I_C/V_T = 38.5\,\mathrm{mS}$，$r_\mathrm{o} = 150\,\mathrm{k\Omega}$ だが，$r_\mathrm{o}$ は $R_\mathrm{L}$ よりも十分大きいのでこれを無視すれば，$v_\mathrm{o}/v_\mathrm{i} = -38.5\,\mathrm{mS} \times 5\,\mathrm{k\Omega} = 193$。

4.2 電圧増幅率 $A_v = 193$。電流増幅率 $A_i = g_\mathrm{m} \cdot r_\pi = \beta = 100$。入力インピーダンス $Z_\mathrm{i} = v_\mathrm{i}/i_\mathrm{i} = r_\pi = 2.6\,\mathrm{k\Omega}$。出力インピーダンス $Z_\mathrm{o} = R_\mathrm{L} = 5\,\mathrm{k\Omega}$。

4.3 コンデンサのインピーダンスは $1/j\omega C$ なので，$1/(j \cdot 2\pi \cdot 10^{-6}) = 16\,\mathrm{k\Omega}$。$R_1$ や $R_2$ はこれより小さければよいので，それぞれ 10 kΩ 程度。

4.4 小信号回路等価回路は図の通り（ans4-4）。電圧増幅率 $A_v = g_\mathrm{m} R_\mathrm{L}/(1 + g_\mathrm{m} R_\mathrm{L})$。電流増幅率 $A_i = 1 + \beta$。入力インピーダンス $Z_\mathrm{i} = v_\mathrm{i}/i_\mathrm{i} = (1 + \beta)R_\mathrm{L}$。出力インピーダンス $Z_\mathrm{o} = v_\mathrm{o}/i_\mathrm{o} = 0$。

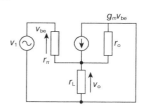

**ans4-4**

4.5 $Z_\mathrm{i} = 1\,\mathrm{k\Omega}$，$Z_\mathrm{o} = 0\,\Omega$。

4.6 $R_\mathrm{L}$ の電圧は，エミッタフォロアを用いる場合が 1 V，直接接続した場合が $1/11 = 0.09$ V。

5.1 3.3と同様。

5.2 $r_\pi = \beta/g_m$ で，$\beta = 100$ と $Z_i = r_\pi = 10\,\text{k}\Omega$ から，$g_m = 0.01$。また $g_m = I_C/V_T = 38.5 \times I_C$ なので，$I_C = 0.26\,\text{mA}$。$A_v = g_m \cdot R_L$ なので，$A_v = 100$ から $R_L = 10\,\text{k}\Omega$。

6.1 略

6.2 略

6.3 略

6.4 略

6.5 略

7.1 略

7.2 略

7.3 略

7.4 上のカレントミラーの電流はゼロとなるので，小信号等価回路（右側）は図のとおりとなり，これから $r_{o2} = r_{o4} = r_o$ とおくと，以下の通り導かれる。（ans7-4）
$A_{cm} = g_m \cdot r_o^2/(2(1 + R_E(1 + g_m \cdot r_o)))$
$\text{CMRR} = A_d/A_{cm} = (r_o + R_E(1 + g_m \cdot r_o))/r_o$

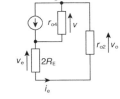

**ans7-4**

8.1 略

8.2 ミラー効果から，エミッタ接地増幅回路での $C_M = 10 \times C_\mu = 10\,\text{nF}$。カットオフ周波数 $f_c$ は，エミッタ接地増幅回路が $1/2\pi C_M \cdot r_\pi = 16\,\text{kHz}$。エミッタフォロアではミラー効果がないので $1/2\pi C_\mu \cdot r_\pi = 160\,\text{kHz}$。

8.3 $A_v = -g_m \cdot r_{o2} \cdot \beta$。$Z_i = r_{\pi1}$。$Z_o = \beta r_{o2}$

9.1 トランジスタのC－E間の電圧は $12 - 5 = 7\,\text{V}$。ここを $500\,\text{mA}$ の電流が流れるので，コレクタ損失は $7\,\text{V} \times 500\,\text{mA} = 3.5\,\text{W}$。つまり1秒間に3.5Jの熱が発生する。1 cal $= 4.2\,\text{J}$ なので，1秒間に0.83 calの熱量が発生する。1 calは1gの水の温度を1℃上昇させるので，1秒間に0.83℃の温度上昇を生じ，1分間では $0.83 \times 60 = 50$℃上昇する。

9.2 初段のトランジスタのベース電流の最大値は $I_{bias}$ なので1 mA。ダーリントン接続された2つのトランジスタの全体の電流増幅率 $\beta = \beta_1 \cdot \beta_2 = 100 \cdot 100 = 10^4$。負荷に供給できる電流の最大値はコレクタ電流の最大値なので，$1\,\text{mA} \times 10^4 = 10\,\text{A}$。

9.3 $RC/0.6\,\text{V} = 500\,\text{mA}$ より，$RC = 0.6\,\text{V} \times 500\,\text{mA} = 0.3\,\Omega$。

10.1 導出は略。入力はオペアンプの（＋）入力に直接つながるため，電流が流れない。そのため入力インピーダンス $= \infty$。

第15講　オペアンプの周波数特性と安定性

10.2 $A_v = (1 + R_f/R_i) = 2$。波形は図の通り。（ans10-2）

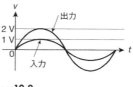

**ans10-2**

10.3 導出は略。入力から流れる電流は $R_i$ を流れる電流 $V_i/R_i$ なので，入力インピーダンス $= R_i$。

10.4 $A_v = -(R_f/R_i) = -2$。波形は演習 10.2 の出力のグラフを上下逆にした正弦波。

11.1 $V_o = -(V_1 + V_2/2 + V_3/3)$。$V_3 = 0$ のときは $V_o = -(V_1 + V_2/2)$ となり，$V_1$ と $V_2/2$ を加えたものとなる。波形は略。

11.2 図の通り。（ans11-2）

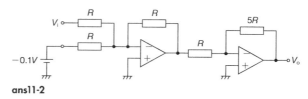

**ans11-2**

11.3 略

11.4 $V_o = V_1 - V_2$ となる。グラフは図の通り。（ans11-4）

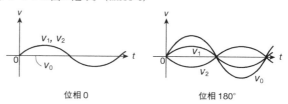

**ans11-4**

11.5 略

11.6 図 11.9 の電流 − 電圧コンバータの回路で $R_f = 1\,\mathrm{V}/1\,\mathrm{\mu A} = 1\,\mathrm{M\Omega}$ とする。

11.7 導出は略。グラフは図の通り。（ans11-7）

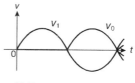

**ans11-7**

12.1 略

12.2 $R_i/(R_i + R_f) = 1/10$ となり，$A_v$ の式に $A = 10^1,\ 10^2,\ 10^3$ を順に代入して，それぞれ $A_v = 5,\ 9.1,\ 9.9$ となる。

12.3 略

13.1 $R = 1\,\mathrm{k\Omega},\ C = 1\,\mathrm{\mu F}$ から，$f_c = 1/2\pi RC = 159\,\mathrm{Hz}$。ボーデ線図は略。

13.2 カットオフ周波数は 13.1 と同様に $f_c = 1/2\pi RC = 159\,\mathrm{Hz}$。ボーデ線図は図の通り。（ans13-2）

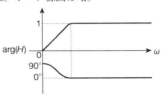

ans13-2

13.3 $R_f = R_i$ の場合の $|H|$ は 1 となるが，このカットオフ周波数を $f_c = 1/2\pi R_f C$ とすれば，これはボーデ線図で $|H|$ が右下がりになりはじめる周波数。図 13.5 の回路でもこの $f_c$ は同じ。右下がりの傾きは $-20\,\mathrm{dB/decade}$ なので，これが $|H| = 11$ となる周波数 $f_1$ は，$f_1 = (R_f/R_i)f_c$。

13.4 略

13.5 $R_1 = R_2 = R$ とおくと，$C_1 = a_1/4\pi f_c R = 11.3\,\mathrm{nF}$。$C_2 = b_1/(a_1 \cdot \pi f_c R) = 22.5\,\mathrm{nF}$。

14.1 図の通り。$A_v$ の導出は略。（ans14-1）

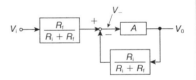

ans14-1

14.2 略

15.1 二次ポールがユニティ・ゲイン帯域幅 $B_1$ よりも高い周波数にある場合は，一次ポールからユニティ・ゲイン周波数までの間は $-20\,\mathrm{dB/decade}$ で減衰する。一次ポール以降では電圧増幅率 $A$ が $-20\,\mathrm{dB/decade}$ で減衰し，これが 1 倍となるところがユニティ・ゲイン帯域幅 $B_1$ であるが，この間は反比例の関係から $A$ と $f$ の積は一定となるので，その一定値である利得帯域幅積は，$1 \times B_1 = B_1$ となり，RC4558 のデータシートから，利得帯域幅席は $B_1 = 3\,\mathrm{MHz}\,(\mathrm{TYP})$ となる。一次ポールまでは電圧増幅率が一定であることを使うと，一次ポール $f_1$ は，$A_{VD} \cdot f_1 = $ 利得帯域幅 $= B_1$ という関係を満たす。RC4558 のデータシートから $A_{VD} = 300{,}000\,(\mathrm{TYP})$ を用いると，この RC4558 の一次ポール $f_1$ は $f_1 = B_1/A_{VD} = 10\,\mathrm{Hz}$ となる。

15.2 略（$f/f_1'$ が 1 よりも十分大きいと近似すればよい）

## 索引

### アルファベット

CMRR　75
dB　16
N型半導体　19
NPN型トランジスタ　62
PN接合　21
PNP型トランジスタ　62
P型半導体　20
V−I特性　23

### あ行

アノード　22
アーリー効果　64
アーリー電圧　28
位相　12
位相補償　166
位相余裕　165
一次RCLPF　138
一次のポール　158
インピーダンス　14
ウイルソン・カレントミラー　66
ウィーンブリッジ発振回路　154
エミッタ　24
エミッタ接地増幅回路　38
エミッタフォロア　46
オームの法則　7
オペアンプ　101，119
温度係数　96
温度特性　96

### か行

回路図記号　9
角周波数　13
加算アンプ　110
カスコード増幅回路　87
仮想ショート　103
カソード　22
カットオフ周波数　138
カレントミラー　54，61，64
寄生容量　85
ギャップ基準電圧回路　99
虚数単位　14
キルヒホッフの法則　8
空間電荷　21
空乏層　22
減算回路　113
高精度ウイルソン・カレントミラー　67
合成抵抗　39
交流電圧　12
交流電流　12
コレクタ　24
コレクタ損失　93
コレクタ飽和電圧　28
コンデンサ　14
コンバータ　115

### さ行

再結合　21
差動アンプ　113
差動出力　71

差動増幅回路　71
差動電圧　71
差動電圧増幅率　75
差動電圧利得　130
差動伝送　79
サーレン・キー型　145
周波数　12
周波数条件　154
周波数特性　158
出力インピーダンス　41
出力抵抗　34
順方向　23
小信号等価回路　33
シリーズレギュレータ　92
振幅　12
スルーレート　132
絶対最大定格　126
正帰還回路　152
正弦波　12
正孔　20
絶縁体　18
相互コンダクタンス　34
増幅回路　67
増幅率　15, 101

### た行

ダーリントン接続　94
帯域幅　131
ダイオード　20, 22
短絡　11
チェビシェフ特性　146
直流　12

ツェナーダイオード　90
ツェナー電圧　90
抵抗　7, 34
デシベル　16
データシート　124
テブナンの定理　10
電圧　6, 71
電圧増幅率　41, 73, 75
伝達関数　15, 136
電流　6
電流制限回路　95
電流増幅率　26, 41
電流 － 電圧コンバータ　116
電力条件　154
等価回路　10
動作点　31
同相除去率　75
同相電圧　71
同相電圧増幅率　73
同相入力電圧範囲　129
同相ノイズ　79
トランジスタ　24

### な行

二次のローパスフィルタ　142
二次のポール　163
入力インピーダンス　41, 133
入力オフセット電圧　127
入力オフセット電流　128
入力バイアス電流　128
ノイズ　79
能動一次 LPF　142

能動負荷　68
能動領域　28
ノートンの定理　81

## は行

バイアス電圧　38
ハイパスフィルタ　140
バイポーラ・トランジスタ　24
バタワース特性　146
発振回路　154
バッファ　48
ハムノイズ　79
反転アンプ　106
バンド　99
半導体　18
バンドギャップ電圧　98
非反転アンプ　103
微分抵抗　33
フィードバック回路　150, 159
フィードバック量　152, 161
負荷　7
負帰還　45
負帰還回路　152
複素平面　15
フロートバルブ　50
ブロックダイアグラム　148
ベース　24
ベース接地増幅回路　83
ベース補償型カレントミラー　66
ベッセル特性　146
飽和電流　24
飽和領域　28

ボーデ線図　137
補助単位　16
ホール　20
ボルテージフォロア　114, 121

## ま行

ミキサー　111
ミラー効果　86
ミラー容量　86
ムーアの法則　55

## や行

ユニティ・ゲイン周波数　142
ユニティ・ゲイン帯域幅　130

## ら行

理想オペアンプ　102
理想ダイオード　116
利得帯域幅積　159
ループ・ゲイン
ローパスフィルタ　138

## 著者紹介

秋田 純一（工学博士）
東京大学大学院工学系研究科電子情報工学専攻博士課程修了・博士（工学）
公立はこだて未来大学講師を経て，金沢大学理工学域電子情報学類教授
ニコニコ動画のLチカLSI動画の人．工作イベント「NT金沢」の中の人．
無駄な抵抗コースターの人．MakeLSI:の人．好きな半田はPb：Sn＝60：40．
好きなプロセスは0.35 µm．
※本書のサポートページ（正誤表など）：http://ifDL.jp/

NDC540　　174p　　21cm

はじめての電子回路15講

2016年10月21日　第1刷発行
2024年12月19日　第4刷発行

著　者　　秋田　純一
発行者　　篠木和久
発行所　　株式会社　講談社
　　　　　〒112-8001　東京都文京区音羽2-12-21
　　　　　　　販　売　(03) 5395-5817
　　　　　　　業　務　(03) 5395-3615

編　集　　株式会社　講談社サイエンティフィク
　　　　　代表　堀越俊一
　　　　　〒162-0825　東京都新宿区神楽坂2-14　ノービィビル
　　　　　　　編　集　(03) 3235-3501

本文データ制作　株式会社エヌ・オフィス
印刷・製本　　　株式会社ＫＰＳプロダクツ

落丁本・乱丁本は，購入書店名を明記のうえ，講談社業務宛にお送りください．送料小社負担にてお取替えいたします．なお，この本の内容についてのお問い合わせは，講談社サイエンティフィク宛にお願いいたします．定価はカバーに表示してあります．

© Junichi Akita, 2016

本書のコピー，スキャン，デジタル化等の無断複製は著作権法上での例外を除き禁じられています．本書を代行業者等の第三者に依頼してスキャンやデジタル化することはたとえ個人や家庭内の利用でも著作権法違反です．

Printed in Japan

ISBN 978-4-06-156563-0

## 講談社の自然科学書

|  |  |
|---|---|
| 新しい電気回路＜上＞　松澤 昭／著 | 定価 3,080 円 |
| 新しい電気回路＜下＞　松澤 昭／著 | 定価 3,080 円 |
| はじめてのアナログ電子回路　松澤 昭／著 | 定価 2,970 円 |
| はじめてのアナログ電子回路 実用回路編　松澤 昭／著 | 定価 3,300 円 |
| 世界一わかりやすい電気・電子回路 これ 1 冊で完全マスター！　薮 哲郎／著 | 定価 3,190 円 |
| 基礎から学ぶ電気電子・情報通信工学　田口俊弘・堀内利一・鹿間信介／著 | 定価 2,640 円 |
| LTspice で独習できる！はじめての電子回路設計　鹿間信介／著 | 定価 3,080 円 |
| GPU プログラミング入門　伊藤智義／編 | 定価 3,080 円 |
| イラストで学ぶ ロボット工学　木野 仁／著　谷口忠大／監 | 定価 2,860 円 |
| イラストで学ぶ ヒューマンインタフェース 改訂第 2 版　北原義典／著 | 定価 2,860 円 |
| イラストで学ぶ 離散数学　伊藤大雄／著 | 定価 2,420 円 |
| イラストで学ぶ 人工知能概論 改訂第 2 版　谷口忠大／著 | 定価 2,860 円 |
| イラストで学ぶ 情報理論の考え方　植松友彦／著 | 定価 2,640 円 |
| 問題解決力を鍛える！アルゴリズムとデータ構造　大槻兼資／著　秋葉拓哉／監修 | 定価 3,300 円 |
| しっかり学ぶ数理最適化 モデルからアルゴリズムまで　梅谷俊治／著 | 定価 3,300 円 |
| 詳解 確率ロボティクス　上田隆一／著 | 定価 4,290 円 |
| はじめてのロボット創造設計 改訂第 2 版　米田 完・坪内孝司・大隅 久／著 | 定価 3,520 円 |
| ここが知りたいロボット創造設計　米田 完・大隅 久・坪内孝司／著 | 定価 3,850 円 |
| はじめてのメカトロニクス実践設計　米田 完・中嶋秀朗・並木明夫／著 | 定価 3,080 円 |
| これからのロボットプログラミング入門 第 2 版　上田悦子・小枝正直・中村恭之／著 | 定価 2,970 円 |
| OpenCV による画像処理入門 改訂第 3 版　小枝正直・上田悦子・中村恭介／著 | 定価 3,080 円 |
| はじめての現代制御理論 改訂第 2 版　佐藤和也・下本陽一・熊澤典良／著 | 定価 2,860 円 |
| 詳解 3 次元点群処理　金崎朝子・秋月秀一・千葉直也／著 | 定価 3,080 円 |
| ゼロから学ぶ Python プログラミング　渡辺宙志／著 | 定価 2,640 円 |
| ゼロから学ぶ Rust　高野祐輝／著 | 定価 3,520 円 |
| Python でしっかり学ぶ線形代数　神永正博／著 | 定価 2,860 円 |
| 新しいヒューマンコンピュータインタラクションの教科書　玉城絵美／著 | 定価 2,640 円 |
| やさしい信号処理　三谷政昭／著 | 定価 3,740 円 |
| Arduino と Processing ではじめるプロトタイピング入門　青木直史／著 | 定価 2,530 円 |
| 初歩から学ぶパワーエレクトロニクス　安芸裕久・山口浩・平瀬祐子／著 | 定価 2,970 円 |
| やさしい家庭電気・情報・機械　薮哲郎／著 | 定価 2,310 円 |
| 単位が取れる 電磁気学ノート　橋元淳一郎／著 | 定価 2,860 円 |
| 単位が取れる 電気回路ノート　田原真人／著 | 定価 2,860 円 |

※表示価格には消費税（10%）が加算されています。

2023 年 4 月現在

講談社サイエンティフィク　www.kspub.co.jp